USCHI ACKERMANN UND RENATE SCHRAMM

HIER SCHREIBT DER *Mops*

ERLEBNISSE UND ANSICHTEN
VON SIR HENRY

KOSMOS

EIN BUCH ÜBER DEN
Mops

MOPS IST KULT

„Das gesellschaftliche Leben geht am Mops vorbei", klagte unser großer Fürsprecher Loriot 1983 – 23 Jahre vor meiner Geburt. Vorbei und vergessen. Auch, dass wir als Inbegriff des Spießbürgertums galten. Inzwischen haben wir Möpse uns unseren Platz in der Society zurückerobert. „Der Mops bewegt sich auf jedem Parkett mit der Nonchalance des wahren Souveräns", erkannte der „Spiegel" bereits 2006. „Ein echter Society-Profi mit vielen guten Eigenschaften."

So ein Profi schleicht sich nicht mehr in die Küche und stiehlt dem Koch ein Ei, worauf der ihn entzweischlägt, wie es im Evergreen heißt. Der Mops von heute flaniert – stets fröhlich und freundlich – mit rotierendem Ringelschwänzchen über rote Teppiche und weiße Sandstrände. Er kennt Prachtboulevards und Shopping-Meilen; weiß, wo es eine Hundebar gibt und wo er diskret sein Pfötchen heben darf. Ob Latte Macchiato, Cocktail, Modenschau, Vernissage, Kindergeburtstag, große Abend-Gala, Ladies Lunch oder Männer-Abend – wir Möpse sind dabei. In der Nobel-Villa wie in der Mietwohnung, in der City und auf dem Land.

Möpse sind mit Hunden nicht zu vergleichen. Sie vereinigen die Vorzüge von Kindern, Katzen, Fröschen und Mäusen.

LORIOT

Wir hecheln keinem Starruhm hinterher, aber wir mischen uns gern ein. Daheim, auf der Hunde-Wiese und auch in Filmen und TV-Serien: Artgenosse Frank jagt als Agent im Film „Men in Black" Außerirdische und in „Men in Black II" lehnt er sich lässig aus dem Beifahrerfenster und singt Gloria Gaynors Hit „I will survive".

Mops Percy spielt im Film „Pocahontas", in der Kino-Parodie „Der Wixxer" züchtet der Earl of Cockwood auf seinem Schloß Möpse und Mischlings-Mops Lucy aus dem US-Film „Wendy und Lucy" wurde im Mai beim Filmfestival in Cannes von den britischen Journalisten für ihren gelungenen Auftritt mit der „Hunde-Palme" (für Zweibeiner gibt's die Goldene Palme) und einem Diamant-Halsband ausgezeichnet. In dem Film gerät eine Frau in Geldnöte, stiehlt Futter für ihren Hund und muss ins Gefängnis.

Wir vermopsen TV und Gesellschaft

Auch im Fernsehen ist immer wieder Mops-Time: In der Krimi-Serie „Balko" half ein Mops namens Montag mit seiner Schnüffelnase dem Kommissar bei der Verbrechensbekämpfung. Und bei der Hunde-Casting-Show „Top Dog – Deutschland sucht den Superhund" setzte sich im Januar 2007 Mops Kalle aus Meckenheim souverän und mit schwarzer Fliege gegen seine vierpfotige Konkurrenz durch, gewann 10 000 Euro. Auch auf der Bühne stand der eine oder andere von uns schon – oder hat die Vorstellung in der Obhut einer netten Garderobiere verbracht.

Wir fremdeln nicht, kennen keinen Argwohn, sind nicht bissig, dafür zutraulich und aufgeschlossen. Mit unserer Gemütlichkeit vermopsen wir die Gesellschaft und das kommt in dieser hektischen Zeit offenbar

Dass ich dich so liebe, o Möpschen,
das ist mir wohlbekannt.
Wenn ich mit Zucker dich füttre,
so leckst du mir die Hand.

Du willst auch nur ein Hund sein,
Und willst nicht scheinen mehr,
Verstellen sich zu sehr.

HEINRICH HEINE

an. Ob dahinter ein Trend steckt, ob wir en vogue sind – das will ich gar nicht wissen. Ich weiß nur, wir sind keine Möpse für eine Saison. Umtausch und Verramschen ist bei uns ausgeschlossen.

Jetzt aber zu mir. Vielleicht haben Sie mich ja schon mal im Fernsehen gesehen, in dem einen oder anderen Magazin bin ich porträtiert worden. Mein Frauchen sagt, ich bin ein Kommunikator. Jedenfalls „gschaftle" ich gern, wie man in Bayern sagt, nehme Anteil am Leben meiner Zwei- und aller Vierbeiner, habe meine eigene Website (www.mops-sir-henry.de) und für die Münchner Abendzeitung schon Kolumnen ge- schrieben. Außerdem bin ich Vielflieger und hoffe, dass es bald einen „Miles & Mops"-Bonus gibt.

Mit Kuscheltier auf Reisen

Gestern London, heute Paris, morgen Mailand, übermor- gen Berlin … ich jette hin und her. Dass ich so oft in die Luft gehe, liegt an meinem Frauchen. Uschi ist beruflich

Wo steckt Frauchen? Herrchen und ich halten Ausschau. Nicht, dass der Flieger ohne uns startet.

viel unterwegs und ich bin der Doggyguard an ihrer Seite. Mal in meiner Louis-Vuitton- Reisetasche, mal im Mops-Van, meinem Buggy, oder an der Leine. Klar, dass ich meinen eigenen Koffer habe – ohne Fress- und Trinknapf, Schlafdecke, Kuscheltier und Kissen gehe ich nie auf Reisen.

Seit es mich in ihrem Leben gibt, sagt Frauchen, sind die Menschen um sie herum viel besser drauf, lachen mehr, bringen sich ins Gespräch. Wie neulich in der Münchner

Maximilianstraße. Da, wo einst Rudolph „Mosi" Moshammer seine Boutique hatte – Sie
wissen schon, Daisy's Herrchen – stellt sich uns ein junger Mann in den Weg, lächelt
Frauchen an und fragt: „Darf ich ein Foto machen?" Uschi stutzt kurz, schmunzelt und
tritt zur Seite: „Sie meinen von Henry." Der junge Mann lacht zurück, nickt und sagt:
„Trotz seiner Falten sieht Ihr kleiner Mops so jung aus. Das Foto schenk ich meinem
Vater morgen zum 60."

Angst? Da lach ich mir ins Pfötchen!

Gelacht wird auch, wenn Frauchen sagt,
dass ich ihr Wachhund bin. Was daran
lustig ist, weiß ich allerdings nicht so
recht. Zugegeben, von der Rasse und
Statur her bin ich kein „Kommissar Rex".
Aber ich nehm's mit jedem auf. Angst?
Da lach ich mir ins Pfötchen. Ganz im
Gegensatz zu meinem XXL-mal so großen Kumpel Pedro, einer Dogge. Der
verzieht sich schon Stunden vor einem
Gewitter in die hinterste Ecke.

*Drei sind einer zu viel? Von wegen. Ob
wir ganz gemütlich auf dem „Bankerl"
vorm Haus sitzen, auf Partys oder
Reisen: Wir sind ein mopsfideles Trio.
Und auch modisch aufeinander abge-
stimmt – siehe Frauchen und ich.*

Ich dagegen spring' auf, sobald es donnert, flitze zur Tür. Den Kopf hoch erhoben, so wirke ich größer, lauf ich raus. Draußen grolle ich lauter als der Donner, zeig's dem und denen da oben. Silvester mache ich es ähnlich. Da schimpfe ich so lange und so laut, bis sich die Krachmacher mit ihren Feuerwerken und Knallfröschen wieder verziehen.

Manchmal höre ich auch daheim Geräusche, die Frauchen und Herrchen offenbar nicht mitkriegen. Sie wundern sich dann immer über mein Gebell und meine auskeilenden Hinterläufe. „Henry sieht Gespenster und vertreibt sie", sagt Frauchen dann gern.

Soll sie nur. Was ich sehe und höre, ist mein Geheimnis. Fakt ist, mir entgeht nichts. Fast nix. Ein Würstl oder ein Leberwurst-Leckerli kann mich schon mal auf andere Gedanken bringen. Wir Möpse sind halt Naschkatzen. Frauchen passt auf, dass ich kein Rollmops werde. Wegen meiner Gesundheit, meiner „bella figura" und wegen der Fliegerei.

Obwohl ich auf meinen eigenen Pfötchen durch die Schleuse bei den Sicherheitskontrollen laufe – und mir jedes Mal überlege, was ein Mops so schmuggeln könnte – gelte ich als

MEIN HENRY-PRINZIP

Unter den Frauchen und Herrchen meiner vierpfötigen Spezl gibt es einen „Typ Catherine Zeta-Jones" und einen „Typ Mario Adorf". Beide sind sehr stolz auf ihre Mini-Ähnlichkeit mit den Stars und reden gern darüber. Das hat mit Schein statt Sein zu tun, weiss ich von meinem Frauchen. Ganz versteh' ich's trotzdem nicht. Ich bin froh, dass ich nicht eine spitze Collie-Nase wie Lassie habe oder ein schwarz-weisses Fleckerl-Fell wie Pongo aus dem Film „101 Dalamtiner". Ich bin ich und das ist, wie bei Wowi, gut so.

Überhaupt nicht gut finden Frauchen, ihre Freundinnen und ich die vorsintflutlichen Thesen von Eva Herman. Warum soll Frauchen zurück an den Herd? Den Platz hat bei uns eh längst Herrchen besetzt. Wenn mein Frauchen nicht arbeitet, soll's lieber mit mir in den Park. Zu Nelly, einem Malteser-Mädel, das Töne drauf hat wie Nelly Furtado, sagt ihre 15-jährige Doggy-Sitterin. Mir hat Nelly noch nix vorgesungen, aber mir gefällt ihr Seidenhaar.

Und ich mag, dass sie mein Henry-Prinzip akzeptiert: Sie spielt nur mit mir und ich teile meine Leckerli nur mit ihr. So sind wir beide mops-fidel.

Erstmal abwarten und schnuppern (lassen), so halte ich's im Park. Ich habe viele Vierpföter-Kumpel, freue mich auf jedes Gassi gehen.

„Handgepäck". An Bord freilich bin ich „Sir Henry". Da schenken mir die Stewardessen oft ein Plüschtier und meine Mit-Passagiere wollen mich streicheln. Den Titel „Sir" verdanke ich keinem blaublütigen Stammbaum, sondern meinem „Herzensadel", sagt Herrchen. Er hat ihn mir einfach verliehen.

Als unser Hund ein Möpschen war,
Da konnt er freundlich sein,
Jetzt brummt er alle Tage
Und bellt noch obendrein.
Heidi, heida, heida la la,
Und bellt noch obendrein.

AUGUST HEINRICH HOFFMANN
VON FALLERSLEBEN

Vorsicht vor dubiosen Züchtern

Und weil Adel verpflichtet, engagieren meine Zweibeiner und ich uns gegen die Überzüchtung von Möpsen. Die nimmt leider zu. Schuld daran ist die große Nachfrage nach uns. Gewissenlose Züchter nutzen das skrupellos aus. Um möglichst viel Geld zu kassieren, lassen sie keine Hitze ihrer Hündinnen aus – und sie ständig decken. Verständlich, dass die zu Gebärmüttern degradierten Mops-Mädels das nicht verkraften. Sie werden krank, stecken ihre Kinder an.

Mich hat's auch erwischt, und wie. Ich habe eine schwere Haut-Krankheit bekommen, Demodikose (näheres auf Seite 73, 75). Zum Glück hat mir mein Münchner Weißkittel-Kumpel Dr. Ulli Wendlberger geholfen. Und Frauchen hat sich den Herrn Züchter vorgeknöpft und ihn verklagt. Mit Erfolg. Das hat für großen Wirbel in den Medien und bei den Mopsianern gesorgt. Zeitungen, Illustrierte und TV-Sender haben darüber berichtet. Das Urteil gegen den unseriösen Züchter (Aktenzeichen 8C160/07(15)) gilt als Präzedenzfall, auf den sich seitdem auch andere Hundehalter berufen.

Das Echo auf diesen Muster-Prozess und auf die Machenschaften der Zocker-Züchter ist enorm, wie die Einträge auf meiner Website (www.mops-sir-henry.de.) zeigen. Aus den E-Mails an mich wird klar, dass es viel zu viele verantwortungslose Menschen gibt, die mit Hunden Geschäfte machen wollen, sich aber keinen Deut um deren Gesundheit scheren. Schrecklich, was da immer wieder für Einzelschicksale bekannt werden. Gott sei Dank gibt es in unserer Mops-Community viele Gutmenschen, die diesen Möpsen und ihren Zweibeinern helfen, wo und wie sie können.

Aussichtslos ist allerdings die Suche nach meiner Mama. Niemand weiß, wo sie abgeblieben ist. In meinen Papieren taucht zwar ihr Name auf, aber der hilft nicht weiter. Er ist falsch. Der Züchter hat die Unterlagen gefälscht. Hört sich wie ein fiktiver Krimi an, ist aber eine wahre Geschichte. Eine Züchter-Freundin von uns ist dem Mann auf die Schliche gekommen – und wie mein Frauchen vor Gericht gezogen. Auch wenn dem Fälscher das Handwerk gelegt worden ist, meine Mutter bleibt verschwunden, ein Phantom. Inzwischen ist's mir wurscht. Meine Familie sind Uschi und Gerd.

Im April 2006, zehn Wochen nach meiner Geburt am 30. Januar, bin ich bei ihnen eingezogen. Für immer – (m)ein Mopsleben lang. Und das ist wirklich laaang. Eine Großtante von mir feiert demnächst ihren 18. Geburtstag. Bei ihr wie bei ihren Zweibeinern trifft zu, was Loriot schon früh erkannte: „Möpse können im Alter wie Menschen figürlich etwas nachlassen, jedoch an Ausdruck gewinnen." Und das seit zig Generationen. Unsere Rasse ist wirklich uralt.

Wie wir wurden, was wir heute sind, was Sie über unsere Gesundheit und Pflege wissen müssen – das alles und noch viel mehr finden Sie in meinem Buch.

Bleiben Sie mopsfidel!

IHR SIR HENRY

Kleider machen auch Möpse, finde ich. Manchmal zumindest.
Gern trage ich ein Halstuch und am liebsten Fell pur.

DIE GESCHICHTE
DES
Mopses

HUNDE DER KÖNIGE

Wau, was für eine Ahnen-Galerie! Ich kann gar nicht genug kriegen von der Geschichte meiner Urväter. Angefangen hat unsere Mops-Saga vermutlich anno 400 oder 600 vor Christus. Und zwar in China. Wir, beziehungsweise meine lieben Vorfahren, wuchsen wie kleine Könige im Palast des Kaisers auf, bekamen Titel verliehen und wurden als „Ärmelhunde" herumgetragen. Wehe, wenn ein Chinese es wagte, uns außerhalb der Palastmauern zu züchten. Darauf stand die Todesstrafe. Unsere Fortpflanzung war eine höchst höfische Angelegenheit – nur die extra dafür ausgebildeten Eunuchen durften sich darum kümmern.

Ihnen war extrem wichtig, dass die Falten auf der Mops-Stirn ein umgedrehtes W ergeben. Wie ich von Frauchen gelernt habe, bedeutet dieses Schriftzeichen in der chinesischen Sprache das Wort Prinz. Die häufigste Fell-Farbe war damals grau-beige oder braun-gelb. Vor dem Mops gab es in China die Hunde-Rasse „Happa", so eine Art glatt geföhnte Pekingesen. Vierbeiner mit kurzen Schnauzen hießen Losze, sie soll es schon um 1115 v. Chr. gegeben haben. Erwähnt werden sie aber erst um 663 v. Chr. Anders als der – wie ich ihn nenne – „Happa-Nese" war sein Fell kurz und die Ohren sahen etwas mopsig aus. Er gilt bei Experten als unser Ur-Ahn.

Bis ins 12. Jahrhundert bemühten sich die Chinesen, uns möglichst typgetreu zu züchten. Dann auf einmal verloren sie das Interesse an uns. Bis Anfang des 16. Jahr-

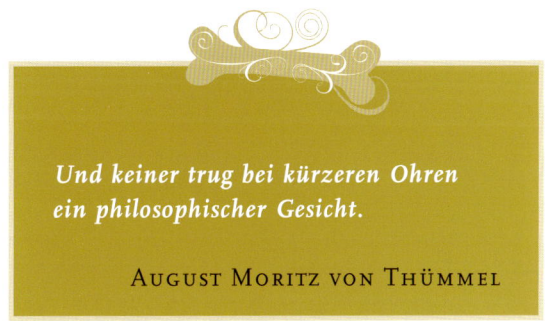

Und keiner trug bei kürzeren Ohren ein philosophischer Gesicht.

Aᴜɢᴜsᴛ Mᴏʀɪᴛᴢ ᴠᴏɴ Tʜüᴍᴍᴇʟ

hunderts gibt es keine Spur von uns. Klingt komisch, ist aber nicht das einzige Mal. Wir Möpse wurden und werden immer wieder mit Vorurteilen konfrontiert, polarisier-(t)en offenbar. Warum das so ist, wissen wir nicht, aber meine Vorfahren, ich und sicher auch meine Nachfahren – wir alle ließen und lassen uns davon nicht unterkriegen.

Von China aus verbreiteten wir uns über Asien, gelangten auch nach Russland. Die Tante von Katharina der Großen soll in einem Zimmer 20 Möpse gehalten haben, im anderen 20 Papageien. Ob sie zusammen tierische Partys gefeiert haben, ist leider nicht überliefert. Wäre sicher lustig gewesen, wenn die Papageien unser Gemurmel nachmachen.

Der Weg in den Westen

In den Westen kamen wir laut Experten über die Seidenstraße. Die war damals die wichtigste Route für Handelsbeziehungen zu Europa. Da wurde dem Namen entsprechend Seide transportiert, aber auch Papier, Kunstgegenstände – und wohl auch „geschmuggelte" Möpse.

Mit Reinhold Messner kann ich nicht mithalten, aber den einen oder anderen Mini-Gipfel habe ich schon erstürmt.

Offiziell durften meine Vorfahren China
nicht verlassen – wurden nur von
Herrscher zu Herrscher verschenkt.

So ab 1425 mopst es erstmals auf Bildern und
Zeichnungen im Westen. Holland war die erste Heimat, danach
ging der Mops auf Europa-Tour. Großen Einfluss auf unsere Verbreitung hatte ein
Urahn namens Pompey, der gleichzeitig auch noch europäische Geschichte geschrieben
hat. Das kam so: Auf Pompeys Herrchen, Prinz Wilhelm der Schweiger (1533 – 1584), sollte
1572 im Heereslager zu Hermingg ein Attentat verübt werden. Aber die Schergen hatten
nicht mit dem Mops gerechnet. Er witterte die Gefahr, bellte seinem Herrchen die Ohren
voll, sodass der Schweiger rechtzeitig auf seinem Pferd fliehen konnte.

Klar, dass Pompeys Nachkommenschaft von da an im Haus Oranien einen Stein im
Brett beziehungsweise Schloss hatte. Als der Urenkel des Schweigers, Wilhelm III.,
1688 zur Thronbesteigung nach England segelte, nahm er ein Rudel Möpse mit an
Bord. Sie alle trugen orangefarbene Schleifen um den Hals, dokumentierten so ihre
Zugehörigkeit zu den Oraniern. Das gefiel den Engländern. Und so wurden die tap-
pelnden Holländer im United Kingdom schnell als „Dutch Pug" populär. Aber nicht
forever. Das „China-Syndrom", so nenn ich's, ereilte auch die Insel. Plötzlich krähte
noch nicht mal ein Hahn nach uns. 1830, nach dem Tod von George IV., geriet auch
der Mops ins Aus. „... ungeeignet für sportliche Betätigungen", diffamierte uns ein
Chronist. „Zu nichts nütze, ohne eine besondere Veranlagung."

Die einstigen kleinen Könige aus dem Kaiserreich China galten nun als „Spielzeug
alter Ladies". Jahrzehnte später brachte Königin Victoria unsere kleinwüchsige Rasse
wieder groß heraus. Sie hatte insgesamt fünf Möpse – Bosco, Olga, Venus, Pedro und
Fatima. Auch ihre Schwiegertochter, die spätere Queen Alexandra, war „bezaubert"
von uns.

MACHEN KLEIDER HUNDE?

Vorgestern ist's gewesen, im Englischen Garten: Ein älterer Mann bleibt vor mir stehen, schaut mich mitleidig an: „Ja, was hat er denn, der Kleine?" Frauchen begreift sofort: „Sie meinen, weil er ein Halstuch trägt." Auf sein Nicken lacht Frauchen und sagt: „Henry ist nicht krank. Er hat sich nur ein bisschen aufgebrezelt, weil Sonntag ist." Da lacht auch der Mann: „Fesch schaut er aus." Im Weitergehen dreht er sich noch einmal um: „Vielleicht sollten sich Kampfhunde auch mal modisch aufbrezeln, damit's mehr menscheln."

Während ich mir vorstelle, wie ein Mastiff mit Mantel über seinem massigen Körper aussieht, kommt eine Möchte-gern-Paris-Hilton mit einer Handvoll Hund unterm Arm auf uns zu. Sie trägt ihn wie eine Handtasche – und er ein Glitzerjäckchen mit Kapuze.

Jetzt schaue ich mitleidig. Ein Vierpföterl als Accessoire. Zum Jaulen. Schon bleiben ein paar Leute stehen. „Niedlich", sagt jemand. „Tierquälerei", ein anderer. Die Blondine ist längst weg, da reden sie immer noch: Machen Kleider Hunde – oder sie nur lächerlich?

Mein Motto: Im Sommer an der Isar FKK, zu Mops-Partys gern mal eine kurze Hose und im Winter in Kitzbühel einen Schneeanzug, sonst verkühl' ich mich.

Daheim steckt mich Frauchen in die Wanne, alle zwei Wochen muss das angeblich sein. Ich ertrag's, denn das Schönste kommt hinterher: Ich werde in eine alte Badejacke von Herrchen gewickelt und trockengerubbelt. Mmmopsig.

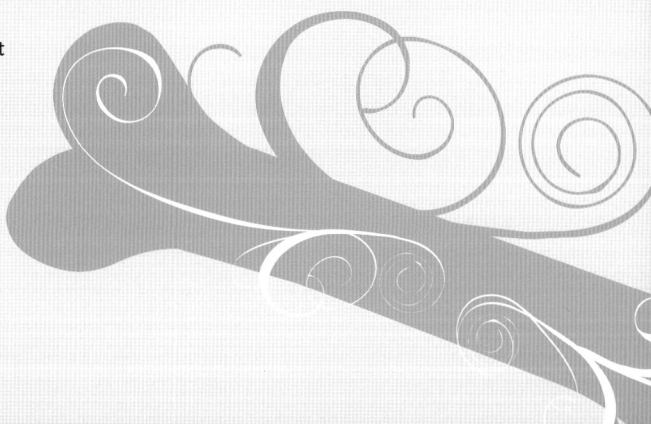

Aber nicht nur die Royals, auch einige Züchter stellten unseren guten Ruf wieder her. So exportierte ein Mr. Morrison Möpse aus Holland, züchtete hellbeige Möpse, allerdings mit fast faltenfreiem Kopf. Stellen Sie sich das mal vor: Ich, wir Möpse von heute, mit Botox-Gesicht!

Zum Glück gab es damals auch noch Lady und Lord Willoughby. Die züchteten Runzel-Ich-Möpse, die auch etwas „hochbeiniger" waren. Für den „high heels"-Effekt hatten sie zwei russische Möpse eingesetzt. Bloß keine Inzucht, das Motto der damaligen Mops-Züchter brachte auch „Lamb" und „Moss" um 1860 aus China nach Europa. Ob sie ein englischer Lord im Gepäck hatte oder die britischen Truppen, ist nicht geklärt. Sicher ist, das Mops-Doppel wurde aus dem Kaiserpalast in Peking entführt. Noch sicherer ist, es hat sich gelohnt: Ihr Sohn Click gilt als Stammvater

Dabei sein ist alles für mich. Wenn auf Frauchens Schreibtisch kein Platz ist, kuschel ich mich zu ihren Füßen.

vieler Möpse in England. Und was den Mops-Raub betrifft, der war eine Ausnahme. Anders als im strengen China waren im damaligen Europa die Züchter im regen Austausch. Das lag auch daran, dass es noch keine Quarantäne-Bestimmungen gab.

Der Mops in Deutschland

Mehr als ein Jahrhundert vor Lamb und Moss hat in Deutschland der Mops des Herzogs von Württemberg Geschichte gemacht. Der kleine Kerl ging 1730 in der Türkei-Schlacht vor Belgrad verloren. Und schaffte das schier Unmögliche: Ganz allein fand er den Weg zurück zum Schloß im Schwabenland. Nach seinem Tod 1733 wurde ihm im Schlosspark von Winnenden ein Denkmal gesetzt. Das steht noch heute da und darauf steht:

„So darf nach Deinem Tod hier dein Gedechtnus stehen
Mops, ausgehauener Mops, dis macht dein Hunds-Verstand,
Der sich mit schmeichelnder Geschicklichkeit verband,
Und den so Herr als Knecht mit vieler Lust gesehen.
Du ruhst nunmero Mops von aller deiner Pein
Wie manchem rauen Wort, wie manchem Nasenstüber
Mops mußtest du nicht stets hier unterworfen sein,
Doch lehrte dich dein Witz dies in Geduld ertragen
Und weil du Hofmops warst, so dientest du der Zeit
Dein holdes Mäulchen blieb bei seiner Freundlichkeit
Und jede Miene wies, was du nicht konntest sagen.
Nebst allem diesem warst du ungemein getreu
Und was wir Liebs und Guts von Hunden melden können
Mit alle dem warst du o Mops geziert zu nennen.
Dies setzen wir hiermit dir statt der Grabschrift bey
Hat sich dein Hundsgeist längst zum Hundsstern hingeschwungen
So hast du es verdient und bleibest unfertrungen,
Hast du den Cerberum zu deinen Kameraden
So hüte sich dein Stolz vor Schimpf, vor Bis und Schaden."

(Inschrift auf einem Mops-Denkmal von 1733)

Muse der Künstler

Nach dem schwäbischen Hofmops kamen immer mehr „Promis" und „Normalos" auf den Mops. Viele Künstler haben sich in ihn verguckt und in ihren Werken verewigt. Goya in Spanien, William Hogarth in England. Sein Selbstbildnis mit Mops Trump gilt als eines der berühmtesten Mops-Bilder. Frauchen und ich stehen dennoch mehr auf „Blonde und Brunette", das Gemälde von Charles Burton Barber von 1876. Vielleicht gefällt uns das lesende Mädchen mit dem Mops im Arm auch deshalb so gut, weil wir uns in der Szene wiedererkennen. Wenn meine Uschi schmökert, bin ich dabei, kuschel mich ganz fest in ihren Arm.

Bei den Möpsen lange vor meiner Zeit gefällt mir Fortuné, le chéri, von Joséphine de Beauharnais, zeitweise die Gattin von Napoleon Bonaparte. Sie versteckte kleine Botschaften unter Fortunés Halsband und schickte sie Napoleon, der damals noch nicht

Kaiser von Frankreich war. Da Möpse zur Eifersucht neigen – ich weiß das aus eigener Erfahrung – war Fortuné anfangs wenig begeistert von Napoleon. In der Hochzeitsnacht, im März 1796, ließ er den damaligen Brigade-General nicht ins Ehebett mit Joséphine, zwang ihn regelrecht zur Kapitulation. Der 1,64 Meter-Mann trug's dem kleinen Hund und der Rasse nicht nach. Ein Nachfahr von Fortuné durfte 1804 nach Napoleons Krönung zum Kaiser mit in den neuen Palast.

Gleich fallen mir die Augen zu.
Nach all dem buddeln, sehen und
gesehen werden, genieße ich eine
Pause im Strandkorb.

Möpse sind Schoßhunde, Sofarollen – hieß es mal über uns. Da lach ich mir ins Pfötchen und geb Gas, flitze über Stock und Stein.

Auf einen wie Fortuné, auf den Glücklichmacher Mops, setzten im 19. und 20. Jahrhundert viele Persönlichkeiten. Heinrich Heine, Rainer Maria Rilke, Fürstin Gracia Patricia von Monaco, Jackie Kennedy-Onassis, Andy Warhol, Valentino ... sie und viele andere gehör(t)en zu unserer Community. Und natürlich Loriot.

Aber so vermopst sie auch waren und sind – das Herzog-Paar von Windsor toppt sie alle. Erst sorgten sie mit ihrer Love Story für Schlagzeilen – aus Liebe zu der geschiedenen Amerikanerin Wallis Simpson verzichtete König Edward VIII. 1936 auf den englischen Thron –, dann mit ihren Möpsen. Die kleinen Kerle durften und bekamen bei dem kinderlosen Paar einfach alles. Täglich wurden sie mit Parfüm, meist von Dior, besprüht. Je nach Witterung trugen sie Nerz- oder Seiden-Kragen um den Hals und um ihr Futter kümmerten sich Fünf-Sterne-Köche. Beneidenswert? Wohl kaum. So ein Leben im Goldenen Käfig, das ist doch kein Hier und Jetzt für einen Mops. Unsere frühen Vorfahren haben das ja lange genug mitgemacht. Aber natürlich meinten es die Windsors nicht böse, sondern bestens.

Diamond, der Lieblings-Mops des Herzogs, durfte bei ihm im Bett schlafen und war auch in seiner Todesnacht am 28. Mai 1972 in Paris an seiner Seite. Mit der Hand auf Diamonds Kopf soll der Herzog sanft eingeschlafen sein. Dem Mops brach dieser Abschied fast das Herz. Er verweigerte von da an jedes Fressen, hungerte und trauerte sich zu Tode.

Ob diese Geschichten sich wirklich alle so zugetragen haben, weiß ich natürlich nicht hundertprozentig. Auf jeden Fall mag ich die Mops & Mensch-Stories, weil sie deutlich machen, dass wir etwas an und in uns haben, dass Zweibeiner berührt und selbst den größten Grantler (norddeutsch: Griesgram) zum Schmunzeln oder gar Lachen bringt. En miniature sind wir auch beliebte Sammler-Objekte. Das Herzog-Paar von Windsor hat unzählige Memorabilien hinterlassen, die bei Sotheby's versteigert wurden. Ein Mops-Gemälde mit einer japanischen Puppe brachte fast 37 000 Dollar, ein mit einem Mops-Kopf besticktes Kissen über 13 000 Dollar. 26 450 Dollar gab es für das Bild eines schwarzen Mopses auf einem gelben Stuhl.

Schwarze Möpse – auch so ein Thema. Damals waren sie längst selbstverständlich und von den Züchtern anerkannt. Im 18. Jahrhundert war das noch anders. Die „Blackys" galten als schmutzig, geradezu hässlich und als Mutation. Viele Welpen mit dieser angeblichen Fehlfarbe mussten deshalb leider gleich nach ihrer Geburt sterben. Erst 1877 wurde Schwarz als „neue Farbe" ganz offiziell anerkannt. Halb offiziell gab es schwarze Möpse längst. Zum Beispiel auf Hogarths Gemälde „House of Cards" von 1730 oder hundert Jahre später am Hof von Königin Victoria. Ganz stolz war sie auf ihren schwarzen Mops mit den weißen Flecken im Fell, die als Hinweis auf seine chinesische Herkunft galten – „the Mark of China".

EIN MOPS IST KEINE MODE-PUPPE

Meine Mode-Beraterin Koko von Knebel weiß, was uns Möpsen – und dem Hund an sich – steht. Sie hat mehrere Boutiquen, u. a. auf Sylt und in Düsseldorf, und da gibt es – außer Futter – alles, was das Herz von Hund und (erst recht) Halter Purzelbäume schlagen lässt. Was das so ist, darüber haben wir uns unterhalten.

Henry: Koko, schon die alten Chinesen haben uns Möpse mit Pretiosen behängt und edel eingekleidet. Warum ziehen die Zweibeiner uns Möpse und überhaupt die Rasse Hund so gern an?

Koko von Knebel: Normal gestrickte Menschen tun das nur im Winter, damit ihr nicht friert. Andere haben Spaß daran, euch schick zu stylen – gern auch im Partner-Look. Der boomt gerade in Amerika, zum Beispiel ein gelb gemusterter Cashmere-Pullover für den Dog und ein gelb gemusterter Cashmere-Schal für Herrchen.

Henry: Und wenn der Hund das nicht so lustig findet?

Koko von Knebel: Ein Hund ist ein Hund, ein Mops keine Mode-Puppe. Wenn er sich schon beim Anprobieren kratzt und sich sichtlich unwohl fühlt, sollte man's lassen. Spielt er in seinem neuen Outfit weiter wie bisher, ist alles okay. Die meisten Hunde, die ich kenne, haben kein Problem mit Anziehsachen. Noch dazu sie's ja oft nur vorübergehend tragen – für ein Foto oder ein Fest.

Henry: Neulich habe ich im Smoking mein Frauchen zu einer Party begleitet. Da haben sich alle nach mir umgedreht.

Koko von Knebel: Hat dir das gefallen?

Henry: Ich mag's, wenn ich beachtet werde, sagt Frauchen.

Koko von Knebel: Das verbindet dich mit meinem Biber-Yorkshire. Der weiß genau, dass er mit T-Shirt mehr auffällt als ohne und genießt die Blicke. Meine drei anderen Hunde – Dackel, Dalmatiner und Boston Terrier – tragen lieber Fell pur.

Henry: Ein Mops-Kumpel von mir findet es albern und affig, wenn ich eine Jacke oder Hose

trage. Er behauptet, Frauchen würde mich vermenschlichen.

Koko von Knebel: Unsinn. Dein Frauchen ist –
wie die meisten Hundehalter – sehr einfühlsam.
Sie will nur das Beste für dich. Solange du dich in
deinen Klamotten wohlfühlst, wird sie dich ab und
zu einkleiden. Aber nie gegen deinen Willen.
Vielleicht ist dein Kumpel nur etwas neidisch,
Henry.

Henry: Was sollte ein Mops unbedingt im
Kleiderschrank haben?

Koko von Knebel: Ein Halsband oder Geschirr
– ohne viel Schnickschnack oder glitzernd mit viel
Blingbling. Je nach Charakter des Mopses und seines Halters. Vor zwei, drei Jahren gab es mehr
Protz-Möpse als heute.

Henry: Manchmal schneide ich auch ein bisschen auf, aber nicht mit modischem Firlefanz. Ich
mach mich gern größer als ich bin.

Koko von Knebel: Das machen auch Zweibeiner
gern (sie lacht). Aber zurück zum Mops-Schrank.
Was noch drin sein sollte: Ein Ausgeh-Outfit für
besondere Anlässe. Und ein Knabber-Riegel für
Notzeiten. Mit Verlaub Henry, verfressen seid ihr
Möpse ja schon.

Henry: Mein Herrchen sagt das auch und denkt
sich immer neue Schmankerl für mich aus, damit
ich schlemmen kann, aber kein Rollmops werde
(Rezepte siehe Seite 84). Gibt's eigentlich etwas,
was ein Mops nie tragen sollte?

Koko von Knebel: Schwarze Pullover. Da ihr stark
haart, sieht der Pulli sonst schnell verzottelt aus.

Henry: Ist die Mode für Vierpföter auch so saiso-
nal wie für Zweibeiner?

Koko von Knebel: Es gibt immer neue Trends für
euch – nicht nur, was die Kleidung betrifft.
Accessoires, Bettchen, Körbchen, Pflege, das
ganze Wellness-Programm ... da tut sich ständig
was. Aber es gibt auch Klassiker wie das Regen-
mäntelchen. Das haben in den 60ern schon die
Pudel getragen und wurden öffentlich ausgelacht.
Heute wissen wir, dass sie Trendsetter waren.

Henry: Ich bin kein großer Schwimmer, aber ich
geh gern ins Wasser. Brauche ich eine Badehose?

Koko von Knebel: FKK ist sicher mopsiger, Henry.
Wenn du an Bord eines Bootes bist, kannst du
eine Schwimmweste tragen. Die werden in meinen Läden häufig verlangt. Ihr Möpse könnt zwar
wie alle Hunde schwimmen, aber eure Frauchen
und Herrchen haben Sorge, ihr könntet in Panik
geraten, wenn ihr plötzlich versehentlich von
Deck fallt.

Henry: Kann jeder Hund alles tragen?

Koko von Knebel: Besser nicht. Stell dir mal eine
Dogge oder einen Bobtail im Smoking vor, die
sähen albern aus. Ein Gesellschaftshund wie du
dagegen sieht im Smoking sehr schick
aus.

Henry: Wie schön, dass ich ein
Mops bin.

The Mark of Mops hatte im 20. Jahrhundert der britische Premierminister Winston Churchill, der die These bestätigte, dass sich Herr und Hund mit den Jahren häufig ähneln. Seine Frau nannte ihn „pug", also Mops. Und der Churchill'sche Haus-Mops hieß ebenfalls Pug. Als der einmal krank war, schrieb der Politiker ein Mops-Gedicht für seine kleine Tochter, das im Kasten unten wiedergegeben ist.

Politiker-Poesie anno 1920. Aber wer weiß, vielleicht reimen ja auch Väter wie Ex-Kanzler Gerhard Schröder oder Mütter wie Familienministerin Ursula von der Leyen Mehrzeiler, wenn ihre Vierbeiner krank sind.

Oh what is the matter with poor Puggy-Wug,
Pet him and kiss him and give him a hug,
Run and fetch him a suitable drug,
Wrap him up tenderly all in a rug,
That is the way to cure Puggy-Wug.

Und auf Deutsch:
„Oh, was ist nur los mit dem armen Mopsi-Wops,
Herz ihn und küss ihn und halt ihn im Arm.
Lauf und hol ihm die passenden Drops.
Wickel ihn zart in die Decke, ganz warm,
So wird er wieder gesund, Mopsi-Wops."

Woher der Name kommt

Bleibt noch die Frage, woher wir Mopsi-Wopsis eigentlich unseren Namen haben. Da gibt's mehrere Antworten. Mup heißt auf Germanisch „das Gesicht verziehen". Moppern auf Holländisch „mürrisch dreinschauen" und mope auf Englisch „sich langweilen".
Klar, dass uns Möpsen weder die eine noch die andere Übersetzung gefällt. Unser Name ist nicht Programm. Auch klar, dass Nicht-Mopsianer weder unsere Ziehharmonika-Stirn durchschauen noch unsere schwarze Maske. Zu deren Beruhigung: Wir sind mopsfidel.
Und was unseren Rasse-Namen betrifft: Meine französische Verwandtschaft hat's am besten getroffen. Carlin: in Anlehnung an das Wort Harlekin, das passt zu unserem – wie Frauchen es nennt – „Entertainer-Charme".

Liebe und Hass

Aber ich will mich nicht beklagen. Wir sind Stehauf-Vierbeiner. Verleumdungen und Vorurteile lassen wir an uns abprallen. Auch, wenn's manchmal hart ist. Wie 1848 in Deutschland. Damals spottete der Zoologe und Schriftsteller Alfred Brehm: „Der Mops ist oder

DIE RASSE ZWEIBEINER

Ob Beagle-Mädchen Lizzie, Bobtail-Bub Zorro – das Vorspiel mit meinen Ferienfreuden an der Nordsee ist stets das Gleiche: Wir laufen aufeinander zu, wedeln, umkreisen uns, schnuppern ... Egal, was dann daraus wird – mit Lizzie zum Beispiel habe ich eine Woche meine Strandmatte geteilt – wir Vierpföter ignorieren uns nie. Wir geben jedem eine Chance.

Ganz anders als die Rasse Zweibeiner um mich herum. Da sitzen Männer und Frauen tagelang Strandkorb an Strandkorb im Sylter Sand, aber sie grüßen sich nicht. Kein Lächeln, kein Blick. Und das in der schönsten Zeit des Jahres. Wie verbiestert müssen die erst im Alltag sein.

„Immer mehr Menschen kreisen nur um sich und wundern sich dann, wenn sie vereinsamen", sagte Frauchens Lieblings-Taxifahrerin, als sie uns letzte Woche zum Tierarzt fuhr. Ich hatte eine Halsentzündung, trug einen dicken Schal. Im Wartezimmer war's voll und leise. Keiner sagte was. Bis ein kleines Mädchen sich zu mir bückte: „Du armer, kranker Mops. Darf ich dich streicheln?" Ich streckte ihr mein Pfötchen entgegen. Alle lachten, unterhielten sich plötzlich wie gute Bekannte – und ich wedelte.

war der echte Altjungfernhund und ein treues Spiegelbild solcher Frauenzimmer, bei denen die Bezeichnung ‚alte Jungfer' als Schmähwort gilt ... Er war jedem vernünftigen Menschen ein Gräuel. Die Welt wird also nichts verlieren, wenn dieses abscheuliche Tier samt seiner Nachkommenschaft den Weg allen Fleisches geht."

Was für eine Hass-Tirade! Und warum? Zugegeben, manche unserer Vorahnen wurden von ihren Frauchen verzärtelt und verhätschelt, tummelten sich mehr auf Sofas als in Schlossgärten. Na und? In den Salons damals galten die Möpse als Frauenversteher. Die häufig von ihren Männern enttäuschten Edeldamen hatten ihr Plaisir an der vermopsten Version des sogenannten Kindchen-Schemas (Kulleraugen, Pausbacken, Schmuse-Schnäuzchen). Kein Grund für Hass.

Schon möglich, dass ich als „Familien-Mitglied" nicht ganz objektiv bin. Aber Wilhelm Busch war es noch weniger. Der hat uns, salopp gesagt, einfach in die Pfanne gehauen. In seinen Bildergeschichten gibt es ja nicht nur den Mops Plum, sondern alle Augenblicke taucht ein neuer Mops auf. Und jeder wird als dummer, übergewichtiger Vielfraß dargestellt. Einmal zieht ein Hundefänger einem armen kleinen Mops sogar das Fell ab und brät ihn.

„Und keiner trug bei kürzeren Ohren ein philosophischer Gesicht", schrieb August Moritz v. Thümmel im 18. Jh. Bei aller Bescheidenheit – er hat Recht.

Genug der Schmähungen. Immerhin waren wir auch mal Vorbilder. Und zwar für die geheimnisumwitterten Freimaurer. Die – tatsächlich wahre – Geschichte beginnt 1736, nach dem Bannfluch von Papst Clemens XII. Damit waren die Mitglieder der Logen exkommuniziert. Das verschreckte viele deutsche Katholiken. Sie wollen es sich nicht wirklich mit dem Papst verderben, wollten aber dennoch weiterhin das Amüsement und die Annehmlichkeiten haben, die sie bis dato in den Logen gefunden hatten. Und so gründeten sie den „Mopsorden". Um den Papst nicht erneut zu verärgern, schafften sie den bisher üblichen Eid bei der Aufnahme ab, ließen als erste Loge aber Frauen zu. Beitreten durfte nur, wer wie ein Mops an der Tür scharrte, sich dann an einem Hundehalsband in den Raum hineinführen ließ und dann noch einen Porzellan-Mops am Schwanz küsste. Klingt mehr nach Spaß-Gesellschaft als nach ernsthafter Loge. In der Satzung hieß es: „Die Gesetze der Möpse haben keinen anderen Endzweck als die Treue, das Vertrauen, die Bescheidenheit, die Sanftmut, die Leutseligkeit – mit einem Wort, alle Tugenden, welche den Grund zu Liebe und Freundschaft legen."

Schluck! Nach dem Foto hat Frauchen mich auf Diät gesetzt. Musste wohl sein.

Tugenden, die uns Möpse auch heute noch auszeichnen. Die zweibeinigen Möpse haben nach zwölf Jahren das Weite gesucht. Aber auch um meine Vorfahren wurde es von Generation zu Generation stiller. Im ersten Drittel des 20. Jahrhunderts war der Mops fast wie vom Erdboden verschluckt.

Dass es dann doch mit uns weiterging, lesen Sie im nächsten Kapitel.

DER *Mops*
IN DER HEUTIGEN ZEIT

UNSER COMEBACK

Dass wir nicht ganz ausgestorben sind, verdanken wir einigen Züchtern, die uns unerschütterlich die Treue gehalten haben und – mit Verlaub – ein bisschen unserem dickköpfigen Charme. Und natürlich auch weisen Zweibeinern, die erkannt haben, dass wir Kleinen große innere Werte haben und diese publik gemacht haben. Wie der Verhaltensforscher Eberhard Trumler (1923-1991), der in früheren Jahren auch Vorsitzender der Gesellschaft für Haustierforschung gewesen ist. „Ein Mops ist souverän", sagte er einmal, „und trifft seine eigenen Entscheidungen. Gehorchen, stramm stehen, Stechschritt, all diese Übungen, die der Mensch wie ein Hampelmann ausführt, wenn er beim Militär gedrillt wird, dafür wäre ein Mops viel zu intelligent."

Nicht genug danken können wir Mops-Großmeister Loriot, bürgerlich Vicco von Bülow, der im Oktober 2007 mit seinem Mops Emil bei Beckmann in der ARD talkte. Emil saß auf seinem eigenen Stuhl am Tisch, gab den Gesprächspartner und Herrchen Loriot wiederholte seinen Klassiker: „Ein Leben ohne Mops ist möglich, aber nicht sinnvoll." Viele Jahre früher, 1989, schrieb Loriot in einem Grußwort zum „Buntbuch" für die Badische Landesbühne Bruchsal:

„Menschen, die meine Möpse und ihre Lebensweise kennen, äußern gelegentlich den Wunsch, mit ihnen tauschen zu dürfen (ich nehme mich da nicht aus). Dennoch muss in diesem Zusammenhang daran erinnert werden, wie schwer in unserer Gesellschaftsordnung schwächere

Der Mops von Fräulein Lunden
War eines Tages verschwunden.
Sie pflegte, muss man wissen,
Tagtäglich ihn zu küssen.

JAMES KRÜSS

Gruppen um ihre Anerkennung zu kämpfen haben. Die Frau beispielsweise vermochte erst nach Jahrtausenden der Unterdrückung eine Position einzunehmen, die ihr seit jeher zustand. Heute ist sie aus dem öffentlichen Leben kaum mehr wegzudenken.

Nicht so der Mops. Ihm wurde trotz einer viertausendjährigen ruhmreichen Vergangenheit alles vorenthalten, was an sozialen Verbesserungen erarbeitet worden ist..." Den Menschen von heute, so Loriot weiter, „... fällt daher die Aufgabe zu, dem Mitmops zumindest Verständnis für seine Probleme entgegenzubringen. Nur so hat der Mops eine Chance, seinen Platz in unserer Gesellschaft zu definieren. Die Zeit drängt. Wenn der Mops erst durch die Gleichgültigkeit der verantwortlichen Kreise in den Untergrund ausweicht und dort eine unheilvolle Aktivität entwickelt, ist es zu spät."

Lassen Sie sich nicht täuschen: Meine Kummerfalten und die vergrübelten Kulleraugen sind angeboren.

MOPS-ZUCHT

In Deutschland wurde der vernachlässigte Mops zur Wiederbelebung mit Kurzhaar-Pinschern gekreuzt, das machte die Verwandtschaft hochbeiniger und ihre Schnauzen größer. Über viele Generationen waren wir ja die einzige Rasse mit kleinem Schnäuzchen und großen Augen. Unsere steingrauen Nachkommen mit den oft bewunderten typischen Aalstrichen auf dem Fell wurden „Altdeutscher Mops" genannt. Zu Unrecht, meinen Experten heute. Ihrer Ansicht nach waren die Altdeutschen ganz echte Möpse – so wie ich einer bin.

Aber was macht überhaupt einen Super-Mops aus? Nach den ersten Hundeausstellungen in Europa, 1859 und 1860 in England, erst in Newcastle, dann in Birmingham, wuchs „das Bedürfnis, die Zucht der Möpse zu reglementieren", schreibt Christina A. Veldhuis in ihrem Ratgeber „Der Mops". Die renommierte Züchterin aus dem holländischen Arnheim begann 1953 unter dem Zwingernamen „Warnsborn" unsere Rasse zu züchten. 1957 gründete sie mit anderen den niederländischen Mopsclub „Commedia". Vor ihrem 1985 erstmals erschienenen Standardwerk „Der Mops" gab es in Deutschland keine spezielle Literatur über Möpse.

Doch zurück zur Rasse. Um beim Züchten mehr Einheitlichkeit zu gewährleisten, wurden Rasse-Standards entworfen, nach denen die ausgestellten Hunde beurteilt werden sollten. Dazu wurden Stammbücher und Ahnentafeln herausgegeben. Aus zwei Entwürfen von den Briten J.H. Walsh 1867 und Hugh Dalziel 1881 wurde – sehr komprimiert – ein international gültiger Standard entwickelt, der mit kleineren Überarbeitungen bis heute und auch bei uns gültig ist. Hier Auszüge aus dem von der FCI (Fédération Cynologique Internationale) sehr kurz gefassten Standard Nummer 253 vom Juni 1987.

Der Rasse-Standard

ALLGEMEINE ERSCHEINUNG: Ein ausgesprochen quadratisch und gedrungen gebauter Hund. Der Mops soll „Multum in Parvo" (Anmerkung von mir: das wird meist nur MIP genannt und heißt „viel Masse auf kleinem Raum". Klingt komisch. Ist eine Dogge dann Multum in Multo?) sein durch gute Proportionen, stämmige Formen und eine gut entwickelte Muskulatur.

TYPISCHE EIGENSCHAFTEN: Sehr viel Charme, Würde und außergewöhnliche Klugheit. (Besser geht's nicht.)

TEMPERAMENT: Gleichmäßig, lustig und lebhaft.

KOPF UND SCHÄDEL: Kopf groß, schwer und rund. Kein Apfelkopf und keine Furche zwischen den Augen. Schnauze kurz, stumpf und quadratisch. Unterkiefer nicht aufgebogen. Falten dick und tief. (Früher wurde gern erzählt, wir hätten so eine kurze Schnauze, weil Welpen bewusst das Nasenbein gebrochen würde. Das ist natürlich Schmarrn, wie wir in Bayern sagen, also Unsinn. Meine – unser aller – Mops-Schnauze ist das Ergebnis langer Züchtungen. Dem FCI-Standard nach soll sie „kurz, stumpf

Klar, ohne Leine geht's nicht immer und überall. Das sehe ich ja ein. Aber auf der Wiese, weit weg von Autos und Radfahrern, möchte ich „oben ohne" herumtollen.

und quadratisch sein." Dass unser Gesicht von der Seite her oft flach aussieht, hat mit der dicken Nasenfalte zu tun, sie verdeckt fast alles.)

AUGEN: Dunkel, sehr groß, etwas vorstehend und frontal eingesetzt. Kugelrund in der Form, sanft, sorgenvoll und fragend im Ausdruck. Glänzend und bei Aufregung voller Feuer.

OHREN: Dünn, klein und weich anfühlend wie schwarzer Samt. Es gibt zwei Arten – das „Rosenohr" und das „Knopfohr". Letzteres wird bevorzugt.

FANG: Knapper Unterbiss, schiefer Unterkiefer. Zähne und Zunge dürfen bei geschlossenem Mund nicht zu sehen sein.

HALS UND GENICK: Leicht gebogen. Die Halslinie soll sanft fließend in die Rückenlinie übergehen. Kräftig, stark, gut ausgefüllt und lang genug, um den Kopf stolz tragen können.

VORHAND: Vorderbeine sehr stark, gerade, von mittelmäßiger Länge, gut unter den Körper gestellt. Gute Winkelung im Schultergelenk.

KÖRPER: Kurz und kompakt mit breitem, tiefem Brustkorb und gut gerundeten Rippen, gerader Rückenlinie. Weder aufgebogen noch eingesenkt.

Okay, hier passt die Leine. Sonst heißt es noch: Mops über Bord. Bei stürmischem Wetter trage ich auch mal eine Schwimmweste.

HINTERHAND: Stark bemuskelt. Kräftig und von mittelmäßiger Länge. Gut unter den Körper gestellt. Von hinten gesehen gerade, die Beine parallel. Gut gewinkelt.

FÜSSE: Zwischen Katzen- und Hasenfuß, mit ziemlich tiefen Einschneidungen zwischen den Zehen. Schwarze Krallen. (Ich will den offiziellen Rasse-Standard nicht weiter kommentieren, nur so viel – um Missverständnisse zu vermeiden: Hasenfüße sind wir nicht.)

SCHWANZ BZW. RUTE: So steif wie nur möglich über den Rücken geringelt getragen. Doppelt geringelt ist höchste Vollkommenheit.

FELL: Fein, glatt, anliegend, weich, kurz und glänzend. Weder hart noch wollig. (Kein Standard, aber Tatsache: Wir haaren – und zwar ständig und stark. „Das muss man mit Humor nehmen", sagt Frauchen.)

FARBE: Einfarbig schwarz, silbergrau, verschiedene Nuancen beige – von weißgelb bis gelbbraun („apricot") mit schwarzen Abzeichen. Die Grundfarbe soll sauber sein, um den Kontrast mit dem Abzeichen so deutlich wie möglich zu betonen. Die Abzeichen am Kopf, die Maske, Stirnflecke oder „Stern", die Male an den Backen müssen deutlich begrenzt und so schwarz wie möglich sein. Wie auch der Aalstrich (das ist die schwarze Linie über unserem Rücken, vom Kopf bis zum Schwanzende).

GEWICHT UND GRÖSSE: 6,5 bis 8,5 kg erwünscht bei einer Schulterhöhe von 25 bis 30 cm. (Das mit dem Gewicht ist so eine Sache. Ein paar Leckerli – und schon ist alles anders. Aber zum Glück passen ja die meisten Mopsianer auf, dass wir kein oder wenig überflüssiges Fett ansetzen).

FEHLER: Alles, was nicht den vorgenannten Kriterien entspricht, sollte als Fehler gewertet werden, jedoch sollte es in der richtigen Proportion zu den vorzüglichen Punkten abgezogen werden. (Kleine Fehler werden also nachgesehen oder verziehen, das finde ich mopsig).

ANMERKUNG: Bei Rüden sollten beide Hoden normal entwickelt und im Skrotum fühl- und sichtbar sein.

Mops-Ausstellungen

So weit der heute gültige internationale FCI-Standard. Nach diesen Kriterien werden wir Möpse bei Ausstellungen und Hunderasse-Schauen beurteilt, bewertet und platziert.

Manche ehrgeizige Herrchen und Frauchen nehmen so eine Show nicht als Spaß, sondern ganz furchtbar ernst. Wenn ihr Mops nicht Miss oder Mister des Jahres wird, sind sie empört und würden am liebsten das Urteil des Richters anfechten. Aber das ist nicht erlaubt. Der Richter hat das letzte Wort, es muss ohne Protest oder Kommentar hingenommen werden. Ich bin noch nicht ausgestellt worden. Frauchen und Herrchen wollen das nicht und finden es auch zu anstrengend für mich. „Für uns ist Henry der Allerbeste", sagen sie, wenn im Park mit anderen Hundebesitzern das Gespräch darauf kommt. „Wir brauchen keinen Richter, der uns das offiziell bestätigt. Und wir brauchen auch kein Prestige-Objekt, mit dem wir uns schmücken können. Sondern einen Mops, der immer für uns da ist." Bei uns punktet das Herz, nicht ein Richter – da wedelt mein Ringelschwänzchen.

Aber natürlich finden diese Schauen sehr viel Beachtung und haben – gerade für Züchter – eine große Bedeutung. Da können sie sich mit internationalen Kollegen austauschen und ihre Zucht-Vierpfoter vorzeigen. Ziel bei all den Ausstellungen ist es, einen Titel zu gewinnen und eine sogenannte Anwartschaft auf das jeweilige Championat (national CAC,

BIN I HENRY, BIN I KÖNIG

Ich sah die beiden schon beim Betreten des Restaurants, Frauchen und ihre Freundin sahen sie auch. „Guck mal, die lässt ihre Zamperl mit am Tisch sitzen und vom Teller essen", raunte die eine der anderen zu. „Das ist ja wie damals bei dieser TV-Moderatorin." Auch andere Gäste wurden auf das ungleiche Trio aufmerksam. Die beiden Airdale Terrier, fesch mit Schleifchen, saßen rechts und links von der Dame auf der Bank, jeder hatte einen Porzellan-Teller mit Menschenfutter vor sich. Der Mann am Nachbartisch rief den Kellner: „Das ist unappetitlich. Auch wenn der Hund des Menschen bester Freund ist", sagte er laut. „Das geht zu weit."

Fand ich auch. Wir Vierpfoter möchten nicht wie Zweibeiner behandelt werden.

Die Terrier-Frau verstand die Aufregung nicht: „Meine Hunde sind frisch gebadet und die Teller kommen doch hinterher eh in die Spülmaschine." Das Trio musste gehen und ich unter die Bank. „Henry bekommt nie etwas vom Tisch", hörte ich Frauchen sagen. „Das ist ungesund und animiert Hunde zum Betteln." Frauchen griff in ihre Handtasche, steckte mir einen kleinen Kauknochen zu. Ich kuschelte mich zwischen ihre Füße. Bin i Henry, bin i König ...

Ist mir an Deck etwas entgangen? Der Kontrollblick muss sein. Wir Möpse sind sehr neugierig, wollen alles mitkriegen.

international CACID). Voraussetzung für die Teilnahme ist, dass der Mops VHD- oder FCI-Papiere vorweisen kann, nicht jünger als sechs Monate und gegen Tollwut geimpft ist.

Für die Möchtegern-Champions gibt es insgesamt sechs Klassen, also Gruppen, in denen die Möpse nach ihrem Geschlecht und Alter getrennt beurteilt werden.

JÜNGSTE KLASSE: Ab 6 bis 9 Monate
JUGENDKLASSE: Ab 9 bis 18 Monate
ZWISCHENKLASSE: 15 bis 24 Monate
OFFENE KLASSE: ab 24 Monate
CHAMPIONKLASSE: Ab 15 Monaten. Hier messen sich die Besten der Besten – deutsche Meister wie Bundes- oder Europa-Sieger.
VETERANENKLASSE: Auch die „Best-Ager" dürfen in den Show-Ring – ab sechs Jahren.

Von den äußeren zu unseren inneren Werten

Was ist typisch für uns Möpse, was charakterisiert uns? Hier ein paar Meinungen: „Möpse sind mit Hunden nicht zu vergleichen. Sie vereinen die Vorzüge von Kindern, Katzen, Fröschen und Mäusen", das erkannte schon sehr früh der Mopsianer Loriot. „Der Mops ist eine Mischung aus kleiner Mensch, Fabelwesen und Komiker", sagt mein Frauchen. „Er hält sich für den Chef der Familie und ist es auch. Mit seinem Charme wickelt er jeden um den Finger. Er braucht viel Liebe und gibt noch mehr zurück." Züchterin und Autorin Christine A. Veldhuis: „Der Mops ist ein Fass voller Widersprüche. Er ist sehr eigensinnig und doch folgsam. Manchmal recht stur und doch gelehrig. Er ist von einer rührenden Anhänglichkeit und sehr kontaktbedürftig."

Inge von Keiser, bei Mopsianern respektvoll „die Keiserin" genannt, einst Mitarbeiterin von Konrad Lorenz und Züchterin der international bekannten „vom Sandorn"-Möpse: „Möpse sind zwar kleine Hunde. Aber als Hundepersönlichkeit groß."

Meine Züchter-Freundin Christiane Friese, die mit fünf Möpsen in Friedrichroda lebt, bringt es auf den Punkt: „Möpschen machen glücklich und Lust auf mehr Mops. Deshalb bleibt der Mops in vielen Familien kein Einzelkind. Der kleine Kerl mit dem großen Herzen bereichert jeden Menschen."

Das sieht auch mein Herrchen so: „Möpse sind Menschenversteher. Sie wissen, was in uns vorgeht, bevor wir es selbst wissen."

Was mir, was uns Möpsen ganz wichtig ist: Wir wollen dabeisein, mitreden, auch mal mitmurren, und mitfeiern. Mopsianer wissen das und betonen immer wieder gern, dass wir als Mitbewohner, Hausgenossen, Begleiter auf Reisen, Spaziergängen oder in Restaurants ideal sind. Klar, haben wir auch mal unseren eigenen Kopf, können nachtragend sein, wenn uns ein Zweibeiner beim ersten Treffen links liegen lässt. Aber letztlich, sagt mein Frauchen, „könnt ihr niemandem böse sein. Dafür habt ihr zu viel Humor und Herz."

Auch ein Mops lernt nie aus: Dr. Angela Bartels ist mein Personal Trainer und bringt mir den letzten Schliff im Umgang mit Zwei- und Vierbeinern bei.

EIN MOPS SOLL ES SEIN

Und – was sagen Sie? Sind Sie schon ein bisschen vermopst? Möchten Sie sich einen von uns anschaffen? Prima. Aber bitte nichts überstürzen. Wenn wir erst mal eingezogen sind, bleiben wir – und das bei hoffentlich guter Gesundheit – mindestens zwölf, oft auch 16, 18 Jahre. Wir wollen nicht, wie es häufig in Anzeigen heißt, „umständehalber" abgegeben werden. Und wir wollen auch niemals länger als vier Stunden allein sein. Und selbst das höchst ungern.

Zu Singles, Paaren oder Familien, die nur unregelmäßig zu Hause sind, keinen festen Rhythmus haben und beruflich flexibel sein müssen, passen wir letztlich nicht – das tut wohl kaum ein Hund. Es sei denn, der Chef, die Kollegen oder wer auch immer hat ein Herz für Möpse. Und um die Ecke Ihres Arbeitsplatzes ist ein Park. Wir Möpse sind total anpassungsfähig. So gern wir draußen mit unseren Vierpföter-Freunden herumtollen, gemeinsam jedes Gebüsch durchkämmen und nach tollen Schätzen buddeln, wichtiger ist es uns, bei unseren Zweibeinern zu sein. Wenn ich unter dem Schreibtisch meines Frauchens liege, habe ich die tollsten Träume, was ich alles draußen mache. Da muss ich dann nur noch ein paar Minuten Gassi gehen.

Schön, wenn das bei Ihnen auch so klappt. Trotzdem gibt's noch ein paar Dinge, die Sie vorher klären sollten: Wenn Sie einen Vermieter haben – ist er einverstanden mit einem Hund, sind es die Nachbarn? Haben Sie Freunde oder Verwandte, die Ihren Mops notfalls mal betreuen und versorgen können? Mal einen Tag oder auch im Urlaub.

Ich bin dann mal weg: Während Frauchen und Herrchen noch Koffer packen, habe ich mir schon mal einen Sonnenplatz auf dem Mini-Cabrio gesucht.

WAS MOPSIANER FALSCH MACHEN

Der Tierpsychologe Martin Rütter, bekannt aus der WDR-Serie „Eine Couch für alle Felle", arbeitet seit Jahren mit dem von ihm entwickelten D.O.G.S. (Dog Orientated Guiding System)-Programm. Er setzt auf angewandte Verhaltensforschung und praktiziert sie in seinem Erfstadter „Zentrum für Mensch und Hund". Ich habe mit ihm über Mensch und Mops gesprochen.

Henry: Herr Rütter, Sie sind Tierpsychologe und gelten als Hundeflüsterer …

Martin Rütter: Moment, Henry. Hundeflüsterer – das klingt für mich etwas unseriös. Ich sehe mich als Hundeversteher, als Vermittler und Übersetzer zwischen Hund und Mensch.

Henry: Wo hakt's zwischen uns und den Zweibeinern?

Martin Rütter: Der Mensch glaubt, weil er den Hund ausgesucht und gekauft hat, muss der ihn auf Anhieb mögen und alles machen, was er ihm sagt. Und wenn das nicht gleich so klappt, glaubt er sofort, er habe einen Problem-Hund. Dabei sind er und seine Erwartungen das Problem. Jede Beziehung, auch die zwischen Hund und Mensch, braucht Zeit, muss wachsen.

Henry: Bei uns daheim bin ich der Chef, glaube ich zumindest. Aber ich lasse es nicht so raushängen. Nur anfangs, da bin ich öfter in eine andere Richtung gelaufen als Frauchen. Inzwischen haben wir uns arrangiert.

Martin Rütter: Ihr Möpse seid wie alle Hunde sozial orientiert, geht auf Menschen ein. Umgekehrt machen die Menschen das oft zu wenig. Sie stellen das Fertigfutter hin, basta. Das genügt natürlich nicht.

Henry: Wir wollen Gassi gehen, spielen, schmusen, Aufgaben haben. Hat sich das unter den Haltern nicht herumgesprochen?

Martin Rütter: Nicht bei allen. Und leider auch nicht, dass ihr euch nicht nur in Rasse, Größe, Form, Farbe, Alter und Geschlecht unterscheidet, sondern vor allem in der Persönlichkeit.

Henry: Das heißt, einer kauft einen Mops und projiziert einen Bernhardiner in ihn hinein?

Martin Rütter: Das kann passieren. Drum wäre so eine Art Hunde-Führerschein gut. Nicht, dass wir für alles ein Gesetz brauchen. Aber zehn Theorie-Stunden vor dem Hunde-Kauf erleichtern später das harmonische Miteinander. Viele Leute vergreifen sich schon bei der Auswahl, nehmen einen Dobermann, obwohl ein Dackel besser zu ihnen und ihrem Umfeld passt.

Henry: Wir Möpse sind pflegeleicht, heißt es. Passen wir zu jedem?

Martin Rütter: Nicht zu Menschen, die eine sportliche Erwartungshaltung haben und euch stets beim Joggen, Radeln oder Marathon dabeihaben wollen.

Henry: Halten Sie uns für Couch-Potatoes?

Martin Rütter: Ihr seid tolle Läufer, aber rassebedingt keine Sport-Freaks.

Henry: Was machen Mopsianer oft falsch?

Martin Rütter: Sie vermenschlichen euch halt leider zu sehr. Ich kenne kaum einen Halter, der seinen Mops nicht ständig im Arm hält, herumträgt und mit Brilli-Halsbändern herausputzt.

Henry: Ich habe auch eins, aber das trage ich nur bei festlichen Anlässen.

Martin Rütter: Wälz dich ruhig auch auf Wiesen, sau' dich ein. Auch wenn Loriot es anders sieht (er lacht), ihr Möpse seid Hunde.

Henry: Stimmt es eigentlich, dass sich Hund und Mensch mit den Jahren immer ähnlicher werden?

Martin Rütter: Nicht jeder Schnauzbart-Träger hat einen Schnauzer, aber da ist was dran. Ich mache das mehr am Verhalten als am Aussehen fest. Meist sind es Menschen, die sich im Lauf der Zeit sehr auf ihren Hund einstellen oder ihn sich unbewusst nach ihren Neigungen ausgesucht haben. Bei meiner 13-jährigen Golden-Retriever-Hündin Mina und mir trifft das auch zu. Wir beide sind wie ein altes Ehepaar – ausgeglichen und verfressen.

Henry: Nicht, dass mein schönes Frauchen mal meine Runzel-Stirn kriegt.

Martin Rütter: Dann runter von Sofa und Schoß, Henry. Pack dir dein Frauchen und ab ins Freie, lauft den Falten davon.

Tausende von Hunden werden jährlich bei uns ausgesetzt, weil ihre Halter nicht wissen oder nicht vorher checken, wohin mit dem angeblich besten Freund des Menschen. Dass das herzlos und unverantwortlich ist, wissen einige von denen wohl selbst. Fakt bleibt, es gibt viele Ferien-Anlagen, Hotels und Pensionen – gerade in Italien – in denen Hunde unerwünscht sind. Also bitte, klären Sie das vorher ab. Ihr Mops ist jetzt Familienmitglied und gehört auch beim Familienurlaub dazu.

Falls Sie jetzt an eine Hundepension denken, bitte – nicht weiterdenken. Wir Möpse sind keine Zwingerhunde, so ein Aufenthalt – selbst in der bestgeführten Pension – traumatisiert uns. Und vermutlich kostet die Hunde-Herberge mehr als ein Mops unterwegs.

Wenn auch diese Bedenken ausgeräumt sind, kommt der nächste Punkt: Die Finanzen. Abgesehen vom Kaufpreis, der derzeit bei 1.000 bis 1.600 Euro liegt, kostet Ihr Mops Futter, Impfungen und die eine oder andere Tierarzt-Rechnung. Und das, wie schon erwähnt, im Glücksfall, bis zu 16, 18 Jahren.

Und, machen Sie sich bitte nicht zu viele Hoffnungen, dass Ihr Mops mitverdient. Nicht jeder macht Karriere bei Film und Fernsehen oder als Zucht-Champion. Das alles lässt sich nicht planen. Selbst ein Mops, der als „Kinderstar" Furore macht, verliert meist mit der Pubertät an Aufmerksamkeit – das ist bei Eisbären wie Knut und Hollywood-Kids wie Macaulay „Kevin allein zu Haus" Culkin nicht anders gewesen. Karrieren lassen sich nur selten planen. Reich macht Ihr Mops Sie dennoch – an Liebe.

Mädchen oder Junge?

Am besten beide, wäre mein Vorschlag. Wir Möpse sind Rudeltiere, wir kuscheln gern miteinander, stapeln uns beim Schlafen. Ob Mädel oder Junge – das sollten Sie am besten mit einem Tierarzt oder Züchter im Vorfeld abklären. Grundsätzlich gilt: Ein Rüde ist kein Rüpel und eine Hündin nicht nur sanftmütig. Die Wesens-Unterschiede sind gering. Aber Frau Mops hat halt zweimal im Jahr ihre Hitze, die mindestens drei Wochen dauert. Das toppt ihre Attraktivität, die Herrn Hunde kommen meilenweit angelaufen. Wenn Sie nicht ganz heiß auf Nachwuchs oder gar eine Zucht sind, rät mein Weißkittel-Freund Dr. Ulli Wendlberger zur Kastration (siehe Seite 79).

Endlich allein mit Lulu. Wenn ich das schwarze Mops-Mädel im Park sehe, rotiert mein Ringelschwänzchen. Ich finde, Lulu hat das gewisse Etwas.

Welche Farbe?

Schwarz oder beige mit schwarzer Maske? In erster Linie ist das eine Geschmackssache. Und hat ganz und gar nichts mit dem Wesen zu tun. Bei den Hellen, sagen Experten, sieht man die Falten und damit das Mienenspiel besser.

HENRY, DER TERMINATOR

Es gibt solche und solche Tage, sagt Frauchen gern. Neulich war solch ein solcher Tag. Ich gehe mit Frauchen aus dem Haus und kurz vor dem Park passiert's: Ein Mops-Mädel stürmt auf mich zu und eh ich mich verseh, lieg ich wie ein Maikäfer rücklings auf dem Boden, strampel mit meinen Pfoten in der Luft.

Und Molly, so heisst der Kugelblitz, erfahre ich hinterher, plustert sich stolz auf. „Sie ist noch ein wildes Kind", sagt ihr Herrchen, „erst sechs Monate alt". Ganz schön frühreif, denke ich und ziehe an der Leine. Nichts wie weg. Vielleicht gibt's in der Hundeschule einen Karatekurs. Mögen es meine älteren Hundefreunde auch toll finden, wenn Mädels den ersten Schritt machen, ich lasse mich nicht überrennen.

Später fängt's an zu schütten. Frauchen hat mein Regencape dabei, zieht's mir über. Genau in dem Moment taucht mein Neufundländer-Spezl Nello auf und schüttelt sich – vor Lachen, ich seh's genau. „Wusste gar nicht, dass du so ein Weichei bist", sagt sein Blick. "Ich habe kein dickes Bauchfell wie du", zische ich. „Und ich bin dem kalten Boden näher als du, friere

schneller und erkälte mich leicht." Nello schnaubt belustigt. „Du hörst dich ja wie dein Frauchen an." Das reicht. Ich nehme Anlauf, springe hoch und patsche Nello meine Pfote ins Gesicht. Der guckt verdutzt und dreht sich ab.

Frauchen steckt mir ein Bio-Leckerli zu. „Zur Stärkung für deine Muckis, du Terminator."

Prompt hört der Regen auf. Der Tag ist kein solcher mehr. Ich strecke meine Schultern. Mit etwas Training werde ich vielleicht der Schwarzenegger unter den Möpsen ...

Eigenheiten

Keine Frage, wir haben einige. Ein paar wurden ja auch schon aufgeführt. Wir lassen uns gern was sagen, aber ob wir es dann auch so machen, ist allerdings nicht gesagt. Stur, eigensinnig, ein bisschen eitel, warmherzig, einfühlsam, liebevoll, zauberhaft, verfressen, intelligent, charmant ... uns wird so vieles nachgesagt. Was Neu-Mopsianer wissen sollten: Wir schnarchen, sägen geradezu, grummeln und grunzen gern. Und wenn etwas nicht nach unserem Kopf geht, können wir schon mal laut werden.Wenn Sie das nicht abschreckt: Willkommen in unserer fröhlichen Mops-Community!

Welcher Züchter?

Die Zeiten, als wir wie vom Erdboden verschluckt waren, sind zum Glück längst vergessen. Wir Kleinen sind im Kommen.

Adressen gibt's beim Verband für das Deutsche Hundewesen (VDH, S. 93). Allerdings sollten Sie sich genau erkundigen, nicht den erstbesten Züchter nehmen und auch nicht den Teuersten. Gute Tipps hat sicher ein Tierarzt in Ihrer Nähe. Oder Sie sprechen einfach Mops-Besitzer auf der Straße an, fragen sie nach ihren Erfahrungen. Ein seriöser Züchter, sagt meine Freundin und Mops-Expertin Christiane Friese, mutet seiner Zuchthündin nur einen Wurf pro Jahr zu und er hat maximal zwei Rassen. Weitere Kriterien, auf die Sie achten sollten: Er berät Sie freundlich, bevor die Welpen überhaupt geboren sind, schwatzt Ihnen keinen Baby-Hund auf. Alle Fragen werden ausführlich beantwortet.

Ahnentafeln, Gesundheitspass, Urkunden, Auszeichnungen, Wurfabnahmebericht, das alles wird vorgezeigt und genau erklärt.
Ungefragt präsentiert ein guter Züchter die Mops-Eltern wie auch das gesamte Umfeld, wo die Hunde leben, und das Welpenzimmer. Die kleinen Möpschen müssen sauber aussehen, das gesamte Umfeld muss sauber sein und das zu jeder Zeit. Die Welpen sind vertraut, aufgeschlossen, neugierig und verspielt – und kennen den Züchter ganz genau.

Damit kein Hund im Tierheim landet (z.B. bei privaten Schicksalsschlägen), räumt ein Vorzeige-Züchter meist ein Rückkaufrecht ein. Und er steht auch nach dem Verkauf seines Welpen in Verbindung zu den neuen Familien und berät sie gerne. Wenn die Kleinen zehn, zwölf Wochen alt sind, beginnt ihr neues Familienleben. Die Verbindung zur Züchter-Familie sollte aber nicht abreißen und bei gelegentlichen Mops-Treffen aufgefrischt werden.

Finger weg vor Welpen-Käufen in Hotel-Zimmern oder auf dem Parkplatz – aus dem Auto heraus. Diesen Hunde-Händlern geht's nur um eines – das schnelle Geld. Oft sind die Hunde krank und die Papiere gefälscht. Vertrauen Sie nur einem Züchter, der Ihre Fragen beantwortet und der auch Sie auf Herz und Nieren prüft. Das hat nichts mit Neugierde zu tun. Er ist einfach um das Wohlergehen seines Mopskindes besorgt, will wissen, in was für Hände es kommt.

Leider ist mein Frauchen nicht an so einen vorbildhaften Züchter geraten. Er hat ruckzuck alles über die Bühne gezogen. Dass mit den Papieren nicht alles stimmte, merkte

*Wenn ich mit Uschi und Gerd im Mini-Cabrio unterwegs bin,
sitze ich gern hinten – da habe ich den besten Überblick.*

Frauchen zwar schnell. Aber da hatte sie sich schon in mich verguckt und konnte, wie sie hinterher in einem Interview sagte, „nicht mehr zurück. Dieser kleine Mops (sie meinte mich!) mit seinen Schoko-Augen hatte mich verzaubert. Ich wusste sofort, dass wir zusammengehören."

Nachdem später herauskam, dass ich unter der Erbkrankheit Demodikose leide (siehe Gesundheits-Kapitel, Seite 70) und der Züchter meine Mops-Mama dennoch immer wie- der decke ließ, hat Frauchen ihn verklagt – und den Prozess gewonnen. Der Züchter musste 1.800 Euro Wiedergutmachung für die angestandenen Arzt- rechnungen zahlen. Das Geld hat Frauchen einem Tierheim gespendet.

Als ich zu Uschi und Gerd kam, bin ich etwas über zehn Wochen jung gewesen. Genau das richtige Alter. Nach den Zuchtbestim- mungen des Verbandes für das deutsche Hundewesen darf ein Welpe frühestens ab der 10. bis 12. Woche, entwurmt, vollständig

Nicht ohne meine Reisetasche: Beim Einchecken am Flughafen gelte ich als Handgepäck, an Bord verwöhnen mich die Stewardessen.

geimpft, gechipt oder tätowiert, abgegeben werden. Vorher braucht er seine Vierbeiner-Familie, Mutter und Geschwister.

Wer die Wahl hat, seinen künftigen Familien-Mops aus einem Wurf auszusuchen, hat zugleich die Qual. Abgesehen davon, dass Baby Mops gut genährt sein sollte, müssen Sie darauf achten, wie der Mini im Spiel mit seinen Geschwistern reagiert. Wie zeigt sich der Welpe? Ist er traurig, verschüchtert, richtig körperlich entwickelt, dominant, ängstlich, sauber, aggressiv, fröhlich? Jetzt müssen Sie herausfinden, welche seiner Eigenschaften besonders gut zu Ihnen passt. Wenn Sie Kinder haben und alles lustig drunter und drüber geht – passt das Angstmöpschen eher nicht.

Der Schein trügt: Ich bin ganz und gar kein Faulenzer. Aber ab und zu ein bisschen relaxen, das muss schon sein.

Manchmal fällt auch der Welpe selbst die Entscheidung. Mein Golden-Retriever-Freund Buddy ist aus seinem Wurf heraus einfach auf sein künftiges Frauchen zugelaufen und hat erwartungsvoll zu ihr hochgeschaut. Klar, dass sie keine Sekunde mehr überlegen musste ...

Wenn Sie sich gar nicht entscheiden können, berät Sie die Züchterin oder der Züchter sicher gern. Sie kennen die Eigenschaften ihrer kleinen Pappenheimer am besten und können einschätzen, wer sich bei Ihnen wohlfühlen wird.

EIN *Mops*

KOMMT INS HAUS

ENDLICH DAHEIM

Auf Frauchens Arm betrat ich mein neues Zuhause. Herrchen empfing mich in der Tür. „Schau nicht so sorgenvoll", sagte er und strich mir aufmunternd über die Stirn. „Bei uns wird es dir gefallen." Ich spürte, wie ich unruhig wurde. Frauchen merkte es auch. „Oh", sagte sie nur und hielt mich von sich. „Ich glaube, Henry muss mal." Zu spät. Das Bächlein floss ... Herrchen lachte, Frauchen auch. So fing es mit uns dreien an.

Nicht, dass jeder Mops-Einzug so feucht-fröhlich beginnt. Aber ein Abenteuer ist er immer. Für alle Beteiligten. Hier ein paar Tipps für ein harmonisches Miteinander.

Geschäfte

Wichtig ist, sagt unsere Züchter-Freundin Christiane Friese, die mir bei diesem Kapitel ein bisschen die Pfote geführt hat, dass dem Mops-Baby in seinem neuen Heim gleich gezeigt wird, wo sein Hunde-Klo ist – im Garten, auf dem Balkon, in einer Kiste, auf Zeitungspapier. Und, das die Familie die Signale der Welpen versteht: Drehen oder aufgeregt schnüffeln heißt: Der Kleine muss mal. Dringend!

Bleibe lustig, bleibe froh,
Wie der Mops im Haferstroh.

(ANONYM)

Stubenrein

Der Drang, sich zu „lösen", ist bei Welpen besonders ausgeprägt. Grund: Bei

ihm ist die Blasen- und Darmmuskulatur noch wenig
entwickelt, die Blase schnell gefüllt. Sorry, wenn's manchmal nervig ist: In den ersten Wochen kümmert sich
die Hundemama um die Sauberkeit der Kleinen. Allerdings muss ein Welpenzimmer am Tage mehrfach von
vielen Pfützen und Häufchen gereinigt werden. Ab
circa der fünften Woche lernen die Kleinen sich auch
im Garten zu lösen – der erste Schritt zur Sauberkeit.
Wenn ein Welpe dann mit der 10. bis 12. Woche
Einzug bei Ihnen hält, dann müssen Sie ihn genau
beobachten, denn noch nicht immer sind alle Welpen sauber. Aber mit viel Geduld und vor allem
Lob ist es bald geschafft. Nach jedem Schlaf, nach
jeder Fütterung heißt es: raus. Und wenn Sie das
erste Häufchen im Garten an einer Stelle liegen
lassen, dann lernt Ihr Kleiner sehr schnell, sich
hier zu lösen.
Nachts schläft das Baby durch, wenn Sie die letzte
Gassi-Runde mit ihm so gegen 22 Uhr drehen. Und
sollte doch mal ein kleines Missgeschick passieren,
keine Panik, bitte nicht schimpfen. Einfach säubern.
Mit Hilfe von Fensterspray bleibt nicht einmal ein
Fleck zurück.

Da war ich noch ein Möpschen.
Heute bin ich ein „ganz großer Hund
in einem kleinen Körper", sagt mein
Frauchen.

Was pfui ist

Wenn das Geschäft danebenging, reicht ein sofortiges kurzes „Pfui". Bloß keine Affäre
daraus machen oder den Mops mit seiner Stupsnase reintauchen. Das hat man früher

gern getan, brachte nix und wird von Hunde-Experten heute strikt abgelehnt. Auch sonst bringt Bestrafen wenig. Schon gar nicht, wenn Ihr Mops während Ihrer Abwesenheit daheim etwas angestellt hat – zum Beispiel die Couch angenagt hat – und Sie ihn Stunden später dafür ausschimpfen (dass Sie ihn nicht schlagen, davon gehe ich bei einem Mopsianer aus). Er weiß nicht warum und checkt nur, dass Ihr Heimkommen mit Ärger verbunden ist. Das dämpft seine Wiedersehensfreude, kann ihn auf Dauer ängstlich machen.

Futter und Freßnapf

Normalerweise gibt Ihnen der Züchter einen Vorrat mit. Für Speis und Trank braucht Ihr Mops je einen Napf, die sollten an einer festen Stelle stehen. Ein Keramiknapf für Futter und Wasser ist ausreichend und lässt sich sehr gut reinigen. Praktisch ist's, wenn die Näpfe Gumminoppen haben, dann werden sie nicht durch die Wohnung geschoben. Der Wassernapf muss immer erreichbar sein, während der Fressnapf nach der Mahlzeit entfernt wird.

SIR HENRYS KOLUMNE

HUNDE – DIE BESSEREN MENSCHEN?

Ich bin kein Streithenry, aber es gibt Hunde, die kann ich nicht riechen. Bruno zum Beispiel. Er ist ein weißer Spitz, hat weit auseinanderliegende Augen wie sein Herrchen und ist immer da, wenn Frauchen und ich im Park sind. Aus irgendeinem Gebüsch rennt er bellend auf mich zu, springt mich an ... „Meiner will nur spielen" sagt „Herr Bruno". „Das ist doch lustig."

Letzten Samstag war Schluss mit lustig. Brunos Objekt der Begierde war ein stattlicher Boxer. Als Bruno ihn ansprang, reagierte der wie einer der Klitschkos – und packte ihn. Frauchen und ich blieben in gebührendem Abstand stehen. „Pfeifen's Ihren Hund zurück", schnaubte sein Halter. „Oder ich hol die Polizei."

„Nur zu", konterte der andere. „So wie Ihr Köter sich aufführt, ist der doch längst polizeibekannt." Er machte einen Schritt auf Herrn Bruno zu – und plötzlich flogen die Fäuste ... „Schnell weg hier", sagte Frauchen. Im Umdrehen sah ich die beiden Männer im Clinch. Bruno und „Klitschko 3" saßen dagegen einträchtig unter einem Baum. „Vielleicht", so sinnierte Frauchen, „sind Hunde doch die besseren Menschen."

Spiel- und Knabbersachen

Nicht zu viel auf einmal. Dann verliert Ihr Möpschen den Überblick und meist hat er eh nur zwei, drei Lieblingssachen. Ich weiß das von mir. Achtung bei Quietschtieren: Beim Zerbeißen können die Welpen Plastikteile verschlucken. Kauknochen aus Büffelleder sind prima, „richtige" Knochen dagegen sind gefährlich. Solche Leckereien bitte nur unter Aufsicht geben, denn daran können auch größere Möpse ersticken. Und seien Sie sparsam bei Kalbsknochen. Zu viele davon führen zu Verstopfung.

Kontakte

Wie kleine Kinder brauchen auch Welpen Spielkameraden, müssen sich ausprobieren, aufeinander zugehen, sich balgen, herumtollen. Gelegenheiten dazu gibt's in jedem Park, auf Hundewiesen und natürlich auch in Hunde-Kindergärten und -schulen. Aber erst, wenn Ihr Möpschen seine vollständigen Impfungen bekommen hat – in der 13. Woche – ab dann darf er Freundschaften mit seinen Artgenossen schließen.

Fang- und Bringspiele

Beginnen Sie früh damit, rät mein Tierarzt-Kumpel. Werfen Sie einen Tennisball, dem der Mops nachsausen kann. Das stärkt seine Motorik, schweißt das Zwei- und Vierbeiner-Rudel zusammen und ist der erste Schritt zum Apportieren.

Mopssicherer Haushalt

Wenn Ihr Welpe zahnt, ist kaum was vor ihm sicher. Am besten, Sie lenken ihn mit Kauknochen, Pappkartons und Papprollen ab. Sonst schärft er gern seine Zähne an Dingen, die dafür nicht vorgesehen sind, und hat überhaupt viel Unsinn im Sinn. Also Schränke schließen, keine Wäsche und Strümpfe herumliegen lassen – schon gar nicht die neue Seidenbluse. Lange Kordeln oder Troddeln an Vorhängen bringen ihn auf Spiel-Gedanken wie die Pflanzenerde um die Zimmerpalme. Die weckt Buddel-Gelüste. Versetzen Sie sich in ihn, checken Sie die Wohnung mit seinen Augen und machen Sie sie mopssicher.

Ein Wiener Würstl wäre mir lieber. Aber zur Not tut's auch ein Kauknochen, da kaut sich's lang dran.

Körperpflege

Keine Sorge, Ihr Mops ist pflegeleicht. Er braucht eine kleine Badewanne oder -schüssel und ein Hundeshampoo – aber nur für den Notfall, bei Hauterkrankungen oder Schmuddel-Alarm. Wenn er sich nach Herzenslust im Schlamm oder Sand gesuhlt hat. Außerdem müssen Sie eine mittelharte Bürste mit Gumminoppen parat haben und einen Flohkamm. Bürsten Sie ihn regelmäßig und säubern sie einmal wöchentlich die Nasenfalte. Da Ihr Möpschen reichlich auf hartem Boden

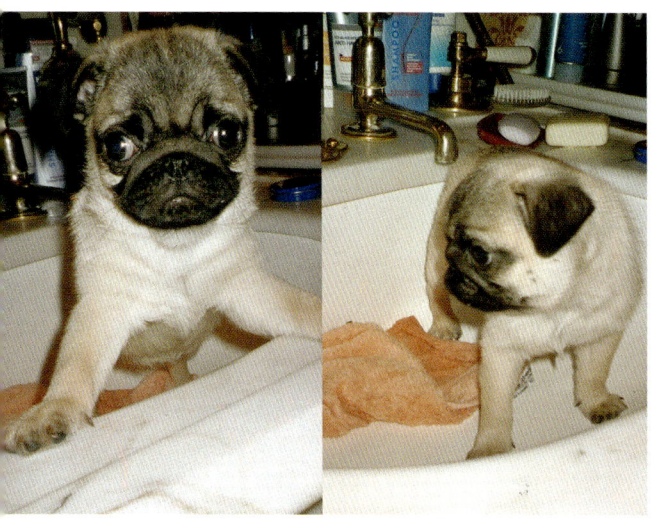

unterwegs ist, müssen seine Krallen nicht extra beschnitten werden. Sie werden schnell merken, die Körperpflege tut nicht nur Ihrem Mops gut – Sie macht auch Ihnen Spaß, wird zum Ritual, das Sie beide noch inniger verbindet.

Was mich mit Michael Jackson verbindet? Herrchen hat es herausgefunden: „Deine wie seine Stirn ist mit der Zeit heller geworden.“

Garderobe

Ob Käppi, Regen- oder Bademantel, Pullover, Smoking – es gibt ja nichts, was es nicht für Möpse gibt. Ob er dies oder das wirklich braucht oder ob Sie ihn einfach gern schick anziehen wollen – das machen sie am besten mit ihm selbst aus. Mein Frauchen shoppt liebend gern für mich, kennt fast alle Hunde-Boutiquen und weiß genau, was mir steht. Ich gefall mir besonders mit meinem Harley-Davidson-Käppi, trage aber auch gern Fell pur. (Siehe auch mein Interview mit Hunde-Couture-Expertin Koko von Knebel, Seite 24).

Halsband und Leine

Erfahrene Züchter empfehlen für den Anfang ein verstellbares Geschirr. Das ist (rutsch-) sicherer als ein Halsband und drückt auch nicht. Die Leine sollte nicht länger als zwei Meter sein. Sonst verheddern sich Hund und Halter.

INTERVIEW MIT
MOPS-ZÜCHTERIN
CHRISTIANE FRIESE

WIE IST DAS MIT DEM ÄLTERWERDEN?

Die Züchterin Christiane Friese lebt mit Mann, zwei Söhnen und ihren fünf „Herzensbrechern", den Möpsen Mobby, Auguste, Akkaya, Jamaika und Buddy (siehe im Bild), mitten im Thüringer Wald (www.mopsfamily.de). Wenn sie ab und zu Welpen abgibt – dann nur „an verantwortungsbewusste Menschen". Ich habe mit ihr übers Älterwerden gesprochen.

Henry: Frau Friese, mit meinen zweieinhalb Jahren bin ich noch ein Möpschen, sagt mein Frauchen. Wann bin ich ein Mops?

Christiane Friese: Für dein Frauchen wirst Du immer ein Möpschen bleiben, aber von deinem Auftreten her und für deine Hunde-Freunde im Park bist Du ein richtiger Mops.

Henry: Menschen haben oft Angst vor dem Älterwerden. Müssen wir Möpse das auch haben?

Christiane Friese: Eigentlich nicht. Denn du hast deine Familie, die zu dir hält und dich auch versorgt, wenn du im Alter erkranken solltest. Andere alte Hunde sind da oft schlechter dran. Sobald sie krank sind, werden sie ausgesetzt, weil die Tierarztkosten oft sehr hoch und manche Erkrankungen sehr langwierig sind.

Henry: Woran merke oder sehe ich, dass ich alt werde oder bin?

Christiane Friese: Du selbst merkst es kaum. Aber Frauchen und Herrchen sehen es Dir an. Dein Bärtchen wird grau, deine Spaziergänge werden kürzer, du schläfst länger und – mangels Bewegung – nimmt dein Gewicht vermutlich etwas zu. Aber keine Sorge, die Mops-Mädchen werden dich weiter attraktiv finden.

Henry: Ich möchte mindestens 18 werden – wie alt bin ich dann in Menschenjahren? Manche sagen, ein Hundejahr entspricht sieben Menschenjahren.

Christiane Friese: Mit 18 wärst du 88, ein hohes Alter, aber erreichbar. Vor allem wenn man so geliebt wird wie du. Ob Mops oder Mensch – Liebe ist der beste Jungbrunnen.

UND WAS KANN IHR HUND?

„Play it again, Tom", heisst ein Buch, das Frauchen aus London mitgebracht hat. Darin steht, was Hunde und Katzen alles können. Zum Beispiel, dass Hunde die Musik von Bach lieben. Ich steh' mehr auf Mozart und, wenn ich in Kitzbühel bin, auf Hansi Hinterseer. Nur mit dem Jodeln klappt's bei mir (noch) nicht so. Auf zwei Pfoten gehen wie Mischling Brummel oder Purzelbaum schlagen wie das Pudel-Mädel Momo kann ich auch nicht. Dafür kann ich mich wie eine Ölsardine zusammenrollen. Erst neulich habe ich mich so in Frauchens Koffer versteckt, aus Sorge, sie könnte ohne mich verreisen.

Ich durfte dann doch mit – auch zu dem abendlichen Stehempfang mit Smalltalk. In einer Ecke standen drei Männer und redeten über das, was sie alles können. Über den Job, Frauen und wie sie sich daheim vor dem Haushalt drücken. „Ich weiß noch nicht mal, wo der Mülleimer steht", sagte einer. So ein Macho-Mops bin ich nicht. Ich trage meinen Futternapf nach dem Essen selbst in die Küche.

Versicherung

Möpse sind keine Rambos, aber natürlich kann im Nu etwas passieren: Eine antike Vase zu Bruch gehen, jemand über uns stolpern. Welche Haftpflichtversicherung – das müssen Sie bitte mit einem Experten abklären. Automatisch ist kein Hund in der Privathaftpflicht- oder Hausratversicherung integriert (mehr dazu Seite 69). Und nicht vergessen: Ihr kleiner Mitbewohner muss bei seiner Stadt angemeldet sein – und Sie müssen für ihn Hundesteuer zahlen.

Die erste Nacht

Auch wenn Sie strikt gegen einen Hund im Bett sind, lassen sie Baby Mops die erste Nacht in seinem neuen Zuhause nicht allein. Er ist die Wärme von seiner Mama gewohnt, das Kuscheln mit seinen Geschwistern.
Tagsüber war viel Action, da hatte er keine Zeit, sie zu vermissen. Aber mit der Dunkelheit kommt das Heimweh. Dazu die fremden Geräusche und Gerüche.
Stellen Sie sein Bettchen ganz nah neben Ihr Bett. So können Sie den Kleinen jederzeit streicheln und beruhigen, wenn er doch mal weint. Und so kann er Sie auch ganz in seiner Nähe

spüren. Das nimmt ihm die Angst des Verlassenseins. Er braucht viel Beschäftigung, aber als Welpe auch am Tage noch viel Schlaf.

Für den Anfang ist ein Körbchen aus Plüsch sehr gut, in das man ein Handtuch, welches den Geruch von Mutter und Geschwistern hat, zur Beruhigung mit reinlegt (vorher beim Züchter abgeben). Abends noch ein kleines Betthupferl in Form eines Hundekuchens wirkt auch Wunder. Kraulen Sie ihn sanft und sprechen Sie leise auf ihn ein. Ihr kleiner Herzenshund wird Ihnen das nie vergessen.

Das Abenteuer Alltag

Egal, wie groß Ihre Familie ist, nur einer kann das Alpha-Tier sein und dem heranwachsenden Mops sagen, wo's lang geht. Sinnvoll ist es, wenn es der macht, der die

Daheim kuschel ich mit Frauchen und Herrchen. Am liebsten – psst, nicht weitersagen – zwischen den beiden, im Bett.

meiste Zeit mit dem Tier verbringt. Die letzte Entscheidung hat der Familienrat. Abgesehen von den Kommandos (siehe Seite 64) zählen auch Alltagssituationen. Ihr Mops soll sich nicht nur in seinem Zuhause gut auskennen, sondern auch in der Nachbarschaft und im Park. Viel Neues stürmt auf ihn ein – die Dogge von gegenüber, der tägliche Postbote, Busse, S- und U-Bahnen ... Ohne Ihre Hilfe und Geduld packt er das Abenteuer Alltag nicht.

ERZIEHUNG FÜR DEN MOPS

Nicht nur Möpse, jeder Vierpföter, selbst der kleinste Schoßhund braucht Aufgaben, damit er zeigen kann, was für ein Mordskerl(chen) er ist. Aber nicht nur Ihr Hund soll und will etwas lernen. Auch Sie, liebe Halter, so meine Mops-Expertin, müssen Augen und Ohren offen halten. Das heißt, Sie müssen mitkriegen, was in Ihrem Mops vorgeht und was er Ihnen mitteilen möchte, was ihm Spaß macht und leichtfällt, wo er sich schwertut ...
Was Sie ihm auch beibringen, Sie werden dabei auch einiges über sich erfahren – über Ihre Geduld, Ihr Einfühlungsvermögen. Warum diese Lernprozesse für Sie beide sehr wichtig sind, wie Sie und Ihr Mops die Grundkommandos und alles andere hinkriegen, das beschreibt meine Erziehungs-Fachfrau Christiane Friese.

„Sitz", „Platz", „bei Fuß", „Steh" – coole Sache für Ihren wissbegierigen Mops. Sie werden sehen, aller Anfang ist gar nicht so schwer, und Spaß macht das Training auch. Am besten, Sie beginnen bald nach dem Einzug Ihres neuen Familienmitglieds mit den Kommandos. Möpschen sind sehr gelehrig und da sie auch sehr verfressen sind, tun sie für ein Leckerli meist alles, was Sie von ihnen verlangen. Aber gehen Sie alles langsam an – und egal, wie lang es dauert, verlieren Sie bitte nicht die Nerven und die Geduld. Bringen Sie Ihrem kleinen Liebling die Kommandos spielerisch bei, nicht mit Strenge. Und schon gar nicht, wenn Sie gestresst oder schlecht drauf sind. Beginnen Sie bitte immer nur mit einer Übung. Erst wenn die sitzt, fangen Sie die nächste an. Sonst kommt Ihr Mops durcheinander, wird lustlos – und Sie vermutlich auch.

Bedenken Sie bitte: Ihr Mops ist sehr sensibel. Wenn Ihre Stimme ihn einschüchtert oder irritiert, verliert er die Lust, wird unkonzentriert. Das passiert auch, wenn Sie das Training übertreiben. Üben Sie täglich ein paar Minuten und wiederholen Sie kein Kommando öfter als fünf-, sechsmal. Wenn's monoton wird, wird es selbst dem wiss-

Lieber Henry,

20 Jahre lang gab es nur Uschi und mich. Seit 2006 drängelst du dich zwischen uns. Im Auto, auf der Couch, im Bett. Und, wenn Uschi unterwegs ist, ruft sie zehnmal mehr an als früher, aber nur um zu fragen, wie es dir geht, ob alles mit dir in Ordnung ist. Keine Frage, wie es mir geht. Das scheint ihr völlig wurscht zu sein.

Zugegeben, am Anfang hat mich das ein bisschen genervt. Doch als ich das erste Mal nach einer viertägigen Geschäftsreise heimgekommen bin, du dich vor mir aufgeplustert und mich angebrubbelt hast – tja, da habe ich dich fest in meine Arme genommen und schlagartig ganz viel begriffen: Du und ich, wir hatten uns vermisst.

Wir waren, wir sind uns näher, als ich damals gedacht habe. Ich merke das ja schon morgens beim Frühstück. Da stupst du mich an, nein, nicht um zu betteln, du willst mit mir reden. Mopsiaden unter Männern. Uschi hält sich da völlig raus, genießt ihr weiches Ei und die Zeitung.

Manchmal freilich gibt es etwas dicke Luft. Mea culpa. Ich steck dir zu viel Leckerlis zu. Das missfällt Frauchen und noch mehr deinem Weißkittel-Kumpel Ulli Wendlberger. Natürlich möchte ich nicht, dass du ein Rollmops wirst, aber hier und da mal naschen, das versüßt einfach das Leben. Bei Vier- wie bei Zweibeinern.

Dein Gerd

begierigsten und lernfreudigsten Mops langweilig. Oder, um es in Henrys Sprache aus-
zudrücken: Er fühlt sich unmopsig.

Also, bleiben Sie beide fidel – und jetzt die Kommandos, ohne die es im täglichen Miteinander daheim und in der Welt draußen einfach nicht geht.

Sitz

In der linken Hand halten Sie die Leine, in der rechten ein Leckerli. Möglichst etwas
Weiches, zum Beispiel ein Stückchen Käse, keinen harten Keks, daran kaut er zu lange
und wird unkonzentriert. Halten Sie ihm den Leckerbissen vor die Nase, lassen Sie ihn
kurz lecken, mehr nicht. Er muss sich die Belohnung ja erst verdienen. Heben Sie die
Hand mit dem Käsestückchen über seinen Kopf. Er schaut prompt nach oben, versucht,
mit dem Blick dem Leckerli zu
folgen – und macht, um nicht
das Gleichgewicht zu verlieren,
fast automatisch „Sitz". Geben sie
das Kommando „Sitz" genau in
dem Moment, wenn sein Popo
den Boden berührt. So kann er
lernen, was sie von ihm möchten.
Sie loben ihn überschwänglich
und geben ihm sein Leckerli.
Nach ein paar Übungstagen sitzt
das mit dem „Sitz".

*„Für ein Leckerli macht
ein Möpschen meist alles, was
von ihm verlangt wird."*

Platz

Das Platz-Kommando wird am besten aus der Sitzposition geübt. Halten Sie das Leckerli erst vor die Nase, dann vor ihm auf den Boden. Um es zu ergattern, wird er sich nach vorne strecken, bis seine Ellenbogen und der Bauch den Boden berühren – in dem Moment sagen sie „Platz". Wieder gibt's Lob und Belohnung. Und Sie werden sehen: Übung macht den Meister-Mops. Bald wird er sich entspannt hinlegen. Wollen sie den Gehorsam perfektionieren, geben Sie ihm nach einiger Zeit erst dann den Leckerbissen, wenn er sich besonders rasch in die Platz-Position begibt.

Bleib

Das heißt, er soll in der „Sitz" -oder „Platz"-Position ausharren. Wenn er liegt oder sitzt – Sie stehen daneben – befehlen Sie ihm „Bleib". Dann machen Sie einen Schritt vor ihn, zählen bis fünf und gehen zurück zu ihm, beglückwünschen und belohnen ihn. Allmählich können Sie sich weiter entfernen, er wird begreifen, dass es hinterher ein Leckerli gibt, und warten.

Komm

Wenn Sie Kinder haben, können Sie dieses Kommando als lustiges Suchspiel inszenieren: Jeder versteckt sich in der Wohnung – die Türen bleiben offen – und ruft den Mops. Bei jedem, den er findet, gibt's eine Mini-Belohnung. Aber es klappt natürlich auch im Freien – nach dem Bleib-Kommando gehen Sie weiter, rufen ihn dann zu sich. Wenn er erst mal in die andere Richtung läuft, kann es an Ihrer Stimme liegen, vielleicht klingt sie aufgeregt. Oder er ist total abgelenkt. So oder so, bewahren Sie Nerven und Ruhe,

MIT ODER OHNE LEINE?

Ja. Nein. Frauchen und Herrchen können sich nicht einigen: Soll ich im Park an der Leine gehen oder frei herumlaufen? Sie wittert überall Gefahren. Er plädiert für den Duft der großen weiten Hundewelt. Erwartungsvoll schauen sie mich an: „Was möchtest du denn?"

Wenn ich das wüsste. Ich denke an meine Kumpel: Santo, der Bernhardiner, zieht in Schwabing schon mal allein um die Häuser. Mischling Pluto zerrt seine Halterin an der Leine hinter sich her. Buddy, der Golden Retriever, joggt leinenlos im Gleichschritt mit seinen Zweibeinern. Und Sunny, das flippige Beagle-Mädel, wartet brav bei jeder roten Ampel. Nur neulich hat Sunny einen Freund auf der anderen Seite gesehen und ist fast unter die Räder gekommen ...

Ein paar Tage später sind wir in der Hundeschule. Ich lerne „bei Fuß gehen ohne Leine", übe Kommandos wie „Sitz" und „Platz", tobe mich beim Ballspiel aus.

Dann meine Park-Premiere ohne Leine. Frauchen gibt mir einen Klaps: „Saus los." Das mach ich, aber alle paar Minuten bleib' ich stehen, dreh'

mich um. Nicht, dass Frauchen was passiert – ohne mich an der Seite.

Und schon passiert's: Ein Zottel-Zerberus, mehr Yeti als Afghanischer Windhund, stürmt auf sie zu. „Der will nur spielen", ruft ein Mann. Ich recke meinen Kopf ganz hoch (so wirke ich größer), fletsche die Zähne und stell' mich dem Ungetüm in den Weg. Das stutzt, stoppt, stupst mich, dass ich fast das Gleichgewicht verliere – und läuft davon.

Gerettet. Das nächste Mal nehme ich Frauchen an die Leine.

bloß keinen Stress. Ihr Mops liebt und bewundert Sie. Letztlich macht er alles, was Sie wollen. Nur nicht immer dann, wenn Sie es wollen.

Bei Fuß

Jeder Hund, nicht nur der Mops, sollte gesittet neben seinem Herrchen oder Frauchen an der Leine gehen. Das freilich passiert nicht über Nacht. Anfangs zieht und zerrt er. Dagegen müssen Sie was tun – aber bloß nicht dagegen zerren. Dann zieht der Pfiffikus nur noch mehr und genießt den kleinen Machtkampf.

So schaffen Sie's: Machen sie den Mops auf sich aufmerksam. Dazu können sie am Anfang ein Leckerchen oder ein Spielzeug in der Hand halten. Locken sie ihn damit in die gewünschte Position neben ihnen. Gehen Sie ein oder zwei Schritte und geben das Kommando „Fuß" wieder genau in der Sekunde, wenn er sich in der richtigen „Fußposition" befindet. Steigern Sie die Anzahl der Schritte langsam, die Ihr Hund neben ihnen gehen soll. Nach und nach wird er ein perfekter Begleiter.

Findet er das unmopsig und zieht weiterhin stur an der Leine, dann gibt es nur eins: Sie bleiben sofort stehen, bewegen sich nicht vom Fleck. Früher oder später wird der kleine Sturkopf einsehen, dass das Gassigehen nur klappt, wenn er sich Ihrem Tempo anpasst. Kleiner Tipp noch für die Spaziergänge: Denken Sie an seine Geschäfte: Nehmen Sie eine kleine Schaufel und einen Plastikbeutel mit.

Wir Möpse sind wissbegierig, lernen leicht und schnell. Ich kann „bei Fuß" gehen, aber ich mag's nicht immer.

INTERVIEW MIT RECHTSANWALT UWE SPRENGER,
OBMAN FÜR DAS RECHTSWESEN IM VDH
(VEREIN FÜR DAS DEUTSCHE HUNDEWESEN E.V.)

WENN EIN MOPS WÜRSTL MOPST...

Der Rechtsanwalt Uwe Sprenger hat mit seinen Partnern eine Kanzlei in Siegen-Geisweid und ist Experte für Familienrecht. Nicht nur bei Zweibeinern. Im Prozess gegen meinen Herrn Züchter hat er Frauchen und mich erfolgreich vor Gericht vertreten. Auch privat kennt er sich mit Vierpfötern aus – er hat zwei Schäferhunde, die Geschwister Vimo und Vivi.

Henry: Herr Sprenger, wenn ein Hund und sein Halter vor Gericht ziehen – worum geht es da meist?

Uwe Sprenger: Beispielsweise um Schadens-ersatz-Ansprüche, wie das im Juristen-Deutsch heißt. Um Mängel des Hundes und Minderung des Kaufpreises. Wie eben bei dir diese Hautkrankheit.

Henry: Der Züchter wollte mit mir Geld verdienen, meine Gesundheit war ihm wurscht. Haben solche Menschen kein Gewissen?

Uwe Sprenger: Manche vergessen es – um des Profits willen. Sie denken ans Geld, an sich, ans

Weiterkommen. Raffgier ist in unserer Gesellschaft sehr verbreitet, Henry.

Henry: Nicht jedes Opfer zieht vor Gericht. Wie kann man solchen Leuten das Handwerk legen?

Uwe Sprenger: Staatliche Kontrollen, eine Überwachung der Züchter wäre hilfreich, aber das ist in der Praxis wohl nicht durchführbar.

Henry: Und was können die künftigen Frauchen und Herrchen tun?

Uwe Sprenger: Beim Kauf aufpassen, sich nicht auf Spontan-Käufe an einer Straßenecke oder sonstwo einlassen. Nur zu Züchtern gehen, die vom VDH oder seinen Mitgliedsvereinen empfohlen werden.

Henry: Neulich im Park haben wir einen Mann getroffen, der hatte übers Internet einen Golden Retriever gekauft, ohne sich vorher über die Rasse zu informieren. Der wusste nichts, überhaupt gar nichts über die Goldies.

Uwe Sprenger: Das ist leider keine Ausnahme – und erschwert im Alltag das Zusammenleben von

Hund und Halter. Hunde-Psychologen können ein Lied davon singen.

Henry: In der Schweiz gibt es ein neues Tierschutz-Gesetz, da müssen die Halter vor dem Hundekauf erst einen Theorie-Kurs besuchen, in dem sie über die Grundbedürfnisse von uns Vierbeinern informiert werden. Und wenn das neue Familienmitglied dann da ist, ist ein eintägiges praktisches Training Pflicht. Da werden dann verschiedene Alltags-Situationen geübt.

Uwe Sprenger: Das hört sich sehr sinnvoll an. Bei uns gibt es das zwar nicht, aber dafür den Hundeführerschein.

Henry: Ein Führerschein wie fürs Auto?

Uwe Sprenger: In gewisser Weise schon. Der VDH sowie der Verein für Deutsche Schäferhunde und andere Vereine oder auch Tierärztekammern bieten Kurse in Theorie und Praxis an. Die dauern im Schnitt drei Monate und enden mit einer Prüfung für Mensch und Hund. Da lernen beide viel über den Umgang miteinander.

Henry: Mein Frauchen bringt mich auch ohne Führerschein gut durch den Verkehr. Sie hat vorher zig Bücher über uns Möpse gelesen und war mit mir in der Hundeschule. Muss ein Mops eigentlich versichert sein?

Uwe Sprenger: Das sollte jeder Hund sein – sonst kann es in manchen Fällen sehr teuer für den Halter werden.

Henry: Wann denn?

Uwe Sprenger: Zum Beispiel, wenn du dich unterwegs von der Leine losreißt, auf die Straße rennst, ein Auto muss scharf bremsen und ein anderes fährt ihm hinten drauf. Oder du bist bei Freunden deines Frauchens , stößt versehentlich eine kostbare Bodenvase um und sie geht zu Bruch. Da ist's dann wichtig, dass solche Schäden durch eine Haftpflichtversicherung abgedeckt sind.

Henry: Es gibt auch Krankenversicherungen für Hunde.

Uwe Sprenger: Das muss jeder Halter selbst wissen, ob er das möchte.

Henry: Wie findet der Mensch heraus, welche Versicherung die beste für seinen Hund ist?

Uwe Sprenger: Am besten, er checkt die vielen Angebote und lässt sich dann von einem unabhängigen Versicherungsmakler beraten.

Henry: Müssen Hunde, die was Schlimmes getan haben, eigentlich ins Gefängnis?

Uwe Sprenger: Nein, aber weg von ihrem Halter in ein Tierheim. Die Ordnungsbehörde entscheidet dann, wie es mit ihnen weitergeht.

Henry: Und wenn ich ein Würstl vom Küchentisch mopse?

Uwe Sprenger: Da steht Bewährung drauf (er lacht). Wenn du öfter mopst, kriegst du früher oder später Bauchweh – das ist dann Strafe genug.

SO BLEIBT
DER *Mops*
GESUND

TIPPS VOM TIERARZT

Dass ich so mopsfidel bin, verdanke ich – neben Frauchen und Herrchen – vor allem meinem Weißkittel-Kumpel Dr. Ulrich Wendlberger. Und deshalb überlasse ich ihm beim Thema Gesundheit das Wort.

Atmung

Ein Mops hat vier gesundheitliche Hauptprobleme. Beginnen wir mit der Atmung: Gäbe es unter Hunden eine Schnarch-Weltmeisterschaft, wären Möpse die Champions. Das liegt an ihrer kurznasigen, faltigen Rasse. Der Fang ist verkürzt, der Gaumen oft breit und lose. Wenn sich das lange Gaumensegel auf den Kehldeckel legt, beginnt es zu flattern – und die Sägerei geht los. Das klingt oft schlimmer als es ist.
Erst recht, wenn der Hund unter einer – vererbten – Säbelscheidentrachea leidet, einer Verengung der Luftröhre. Sie tritt ein, wenn die Knorpelspangen, die die Luftröhre stützen sollen, zu schwach sind. Das hört sich dann nach schweren Asthma-Attacken an, irritiert Halter und Umfeld aber meist mehr als den Mops. Wirklich gefährlich wird es, wenn beim Atmen oder Hecheln das Gaumensegel zurück in die Luftröhre gedrückt wird. Dann gelangt keine Luft mehr in die Lungen und

Frauchen hat sich auf Anhieb in meine „Praliné-Augen" verliebt und ich mich auf den ersten Blick in sie.

der Mops gerät in Atemnot. Meist geschieht das bei Hitze oder großen Anstrengungen. Davor können Sie Ihren Hund bewahren. Nehmen die Erstickungsanfälle dennoch zu, hilft nur eine Operation, bei der das Gaumensegel verkürzt und Engstellen erweitert werden.

Augen

So „süß" viele die Kulleraugen des Mopses finden, sie machen ihm das Hundeleben oft schwer. Das beginnt schon mit dem Entropium, einer Lid-Fehlstellung. Hierbei rollt sich gerade im ersten Mops-Jahr das Augenlid nach innen. Die Folge: Der Hund muss dauernd blinzeln, weil die Wimpern auf seiner Hornhaut scheuern. Wenn das nicht rechtzeitig erkannt wird, kann es zu dauerhaften Augenschäden kommen.
Dauer-Thema in meiner Praxis ist das sogenannte „trockene Auge", bei dem zu wenig Tränenflüssigkeit produziert wird. Die großen hervortretenden Kulleraugen erschweren das Problem. Normalerweise reinigt das Lid das Auge und entfernt die Schadstoffe. Beim Mops klappt das wegen des häufig mangelnden Lidschlusses nicht. Die Schadstoffe bleiben drin, verstopfen womöglich den Tränenkanal und die Hornhaut trocknet aus. Wie Sie das bei Ihrem Mops bemerken? Ganz einfach: Seine Augen sind glanzlos, oft gerötet und haben klebrigen Ausfluss. Ein Mittel gegen diese KCS-Krankheit (Keratoconjunctivitis Sicca) gibt es und zusätzlich noch lindernde Medikamente.
Leider zieht die KCS oft auch weitere Augen-Erkrankungen nach sich. Zum Beispiel die pigmentäre Keratitis. Da tauchen dunkle Flecken auf der Hornhaut auf, die sich entzünden können.
Achtung: Bloß nicht abwarten, sondern gleich zum Tierarzt gehen! Damit der Mops wieder einen besseren Durchblick hat, muss die Hornhaut notfalls geschält werden.
Der graue Star verschont oft weder Halter noch Hund. Alarmzeichen beim Mops ist ein weißlicher oder trüber Fleck, der seine Sehkraft schmälert. Bei jungen Möpsen hilft eine Operation. Ältere Hunde gewöhnen sich meist daran.

Haut

So robust die Möpse sonst auch sind, die Haut macht allen zu schaffen. Sie ist sehr pflegeintensiv, beherbergt gern Milben und neigt zu bakteriellen Entzündungen. Woran das liegt? Da kann man nur spekulieren. Vermutlich geht diese Veranlagung auf die Urväter der Rasse zurück.

Möpsen, die wie Henry eine genetische Veranlagung für Demodikose haben – Demodex-Milben führen zu Fellverlust, üblem Geruch und Unwohlsein – kann mit Medikamenten und Bade-Kuren geholfen werden. Die Demodikose ist übrigens nicht von Hund zu Hund übertragbar. Welpen infizieren sich durch Kontakt an der Mutter.

Gegen Flöhe und Läuse ist kein Mops, überhaupt kein Hund gewappnet. Erster Alarm: Juckreiz. Wenn Ihr Tier sich ständig kratzt, suchen Sie seine Haut auf Flohstiche (bis zu linsengroße Rötungen) und das Fell auf schwarze Pünktchen (Parasiten-Kot) ab. Die ungebetenen Gäste machen es sich gern in der Innenfläche der Hinterbeine gemütlich, unter den Achseln und auf dem Rücken. Sehr geeignet sind auch feine „Flohkämme".

Mein Tipp: Manche frei käufliche Mittel sind giftig. Achten Sie bitte darauf, dass sich Ihr Hund an den betroffenen Stellen nicht lecken kann. Konsultieren Sie Ihren Tierarzt. Ich selbst schwöre auf sogenannte „Spot-ons" , kleine Ampullen mit unterschiedlichen Wirkstoffen. Diese werden im Nacken und entlang der Rückenlinie aufgetragen, wirken bis zu sechs Wochen und helfen gegen Flöhe und Zecken – unser nächstes Thema.

Dass ich so aussehe, verdanke ich meinem Tierarzt.
Er hat meine schwere Hautkrankheit geheilt.

Aufpassen bei Parasiten-Halsbändern! Auf der Verpackung steht oft Beauty-Phos oder Super-Phos. Was das heißt, weiß niemand. Und schon gar nicht, was drinsteckt. Meist ist es Phosphorsäureester – also Gift. Bevor Sie ein Band kaufen, sprechen Sie besser mit Ihrem Tierarzt.

Was die Zecken von Frühling bis Herbst so gefährlich für Menschen wie Tiere macht, sind Erreger von Borreliose, Babesiose und FSME. Suchen Sie Ihren Mops deshalb nach jedem Gassigehen gründlich nach Zecken ab. Hat sich die Zecke schon mit den Widerhaken an ihrem Saugrüssel im Tier festgebissen, müssen Sie behutsam vorgehen – und nur mit einer speziellen Zecken-Pinzette (gibt's auch beim Tierarzt).

Bloß keinen Klebstoff oder Wachs auf die Zecke, wie Schlaumeier immer wieder behaupten. Das ist, wie wir in Bayern sagen, Schmarrn. Lebensgefährlicher Schmarrn. Damit werden zwar die Atemöffnungen der Zecke verstopft, sie erstickt. Potentielle Erreger sitzen bei ihr im Darm; und im Todeskampf drückt sie diese in den Hund rein. Also unbedingt mit der speziellen Pinzette die Zecke vorn am Kopf greifen und durch Hin- und Herdrehen vorsichtig herausziehen. Sollte ein Stück des Rüssels stecken bleiben, sollte ihn der Tierarzt entfernen.

Mein Tipp: Zur Vorbeugung gibt es ein Medikament mit dem Wirkstoff Permethrin, das hindert die Zecken am Weiterlaufen, tötet sie schnell ab. Es kostet pro Monat nur wenige Euro und beschert Hund und Halter sorgenfreie Monate.

Lästige und gefährliche Parasiten sind natürlich auch Würmer. Damit sie erst gar nicht auftreten, muss Ihr Hund regelmäßig entwurmt werden. Das beginnt bereits beim Welpen und ist sehr wichtig, weil Band-, Haken- oder Spulwürmer vom Hund auf den Menschen übertragen werden können.

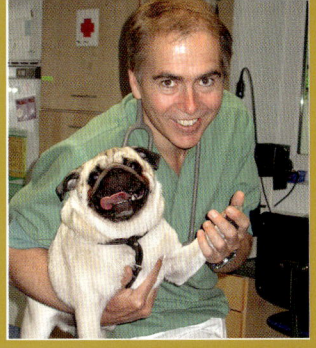

INTERVIEW MIT
MEINEM TIERARZT
DR. ULRICH WENDLBERGER

WARUM MUSS ICH MIR DIE ZÄHNE PUTZEN?

Henry: Sie sind mein Weißkittel-Kumpan, Herr Dr. Wendlberger, haben mir schon oft geholfen. Nur eines verstehe ich nicht: Wie konnten Sie so unmopsig sein und Frauchen dazu bringen, mir ständig die Zähne zu putzen?

Ulrich Wendlberger: Ständig?

Henry: Zu oft.

Ulrich Wendlberger: Es muss sein, Henry. Und zwar täglich. Bei allen Hunden und bei Möpsen besonders. Ihr habt rassebedingt, wie auch Boxer, eine Kiefer-Fehlstellung. Die Zähne stehen eng, teils schief und reiben sich zu wenig aneinander. Da sammeln sich schnell Zahnstein und Bakterien.

Henry: Deppert finde ich auch, dass ich nix vom Tisch bekomme. Der Collie-Bub nebenan braucht nur die Pfote zu heben und schon kriegt er was.

Ulrich Wendlberger: Kompliment, du bist gut erzogen, bettelst nicht.

Henry: Naja, manchmal schon. Ist Menschen-essen wirklich nicht gut für mich?

Ulrich Wendlberger: Immer nur Dosen- oder Trockenfutter pur muss nicht sein. Wenn das mit ungewürzten Tisch-Resten wie Reis oder frischem Gemüse gemixt wird, ist's okay. Aber Pfoten weg von Fast Food.

Henry: Wir Möpse sind Genießer. Zurzeit wiege ich zehn Kilo. Aber deshalb bin ich doch noch kein Rollmops – oder?

Ulrich Wendlberger: Weniger Leckerlis, mehr Gassi gehen und schon drehen sich die Mops-Mädels nach dir um!

Henry: Was Sie alles wissen. Sie haben ja letztes Jahr auch als einziger Tierarzt erkannt, dass ich mit Demodikose zur Welt gekommen bin. Ihre Kollegen, die Frauchen vorher konsultiert hatte, wussten kei-nen Rat gegen meinen Haarausfall und die vielen hässlichen kahlen Stellen. Wieso eigentlich nicht?

Ulrich Wendlberger: Demodikose ist eine von vie-len Hautkrankheiten und im Anfangsstadium unterscheiden die sich alle nicht wirklich. Hautfachärzte sehen die Krankheit wahrscheinlich öfter und tun sich insofern leichter.

Henry: Warum musste ausgerechnet ich diese Krankheit bekommen?

Ulrich Wendlberger: Das liegt an deiner Mops-Familie. Die Veranlagung dazu wird vererbt.

Henry: Das heißt, ich hab's von Mama oder Papa. Und wieso hat der Züchter nichts gesagt? Er hätte es doch wissen müssen. Hat Frauchen ihn **deshalb** verklagt?

Ulrich Wendlberger: Genau, dein Frauchen möchte Züchtern das Handwerk legen, denen die eigene Geld-Gier wichtiger ist als die Gesundheit ihrer Hunde.

Henry: Frauchen und ich geben viel auf Ihre Meinung. Aber warum haben Sie meiner Uschi gesagt, dass Hunde nicht ins Bett gehören? Die Möpse, die ich kenne, schlafen alle im Bett ihrer Zweipföter.

Ulrich Wendlberger: Letztlich muss es jeder selbst wissen, ob das hygienisch ist oder nicht. Wichtig ist, dass der Hund – so wie du – keine Parasiten hat. Da gibt's nämlich einige, die auf Menschen gehen. Du wirst regelmäßig entwurmt, da kann nichts passieren. (Er lacht.) Wo schläfst du eigentlich, Henry?

Henry: Am liebsten zwischen Frauchen und Herrchen. Wenn sich Herrchen zu breit macht, rutsche ich ans Fußende.

Mit vier Wochen wird der Welpe erstmals vom Züchter entwurmt. Das geschieht dann alle zwei Wochen, bis der Hund drei Monate alt ist, und wird in seinem Gesundheitspass vermerkt – neben den Impfungen. Dieser Pass wird Ihnen beim Welpen-Kauf ausgehändigt. Hat der Züchter keinen, sollten Sie misstrauisch werden. Das weitere Entwurmungs-Programm besprechen Sie dann mit Ihrem Tierarzt. Im Regelfall sind vier Entwurmungen pro Jahr nötig.

Impfungen

Mit acht Wochen (meist beim Züchter) wird der Welpe das erste Mal geimpft. Danach mit zwölf und dann mit 16 Wochen. Damit ist die Grund-Immunisierung für ein Jahr abgeschlossen. Mit drei Monaten bekommt der Hund seine erste Tollwut-Spritze.

Um das Immunsystem immer wieder zu aktivieren, braucht der erwachsene Hund unbedingt einmal im Jahr einen Impf-Mix aus fünf Stoffen gegen Hepatitis, Leptospirose, Parvovirose, Staupe und Tollwut. Diese jährlichen Nachimpfungen sind lebenswichtig: Alle fünf Krankheiten sind ansteckend und für Hunde meist tödlich. Bei neueren Impfstoffen und

Wann muss der Mops zum Tierarzt?

Möpse sind nicht wehleidig, sie geben gern den Mordskerl. Umso mehr sollten Sie auf folgende Alarmzeichen achten:

ALLGEMEINE SYMPTOME
UND VERHALTEN

Appetitlosigkeit, er lässt sein Fressen stehen
Mattigkeit und Mundgeruch
Schmerzempfindlichkeit beim Streicheln
Lahmheit, Humpeln
Andauernde Trägheit, Lethargie
Häufiges Übergeben und/oder Durchfall
Fieber (die Temperatur wird im Enddarm gemessen, darf nicht über 38,5 °C liegen. Am besten, Ihr Mops hat sein eigenes Thermometer.)
Juckreiz
Krämpfe
Häufiges Trinken und häufiger Harnabsatz
Ständiges Husten (würgt er, als stecke ihm ein Knochen im Hals, kann das auf eine Mandelentzündung hinweisen)
Angstzustände (ständiges Bellen oder Winseln)
„Rutschpartien" auf dem After (der Analbeutel muss dringend entleert werden)
Koprophagie (Kotfressen) – deutet auf mögliche Mängel oder auch Verhaltensstörungen hin

SYMPTOME AN KOPF
UND KÖRPER

Blutunterlaufene, tränende oder verschleierte Augen
Entzündetes Zahnfleisch
Ständiges Kopfschütteln (deutet auf Fremdkörper oder Entzündungen im Ohr)
Blut im Urin oder Kot
Würmer im Stuhl
Stumpfes oder schuppiges Fell
Biss-Wunden
Aufgeblähter Bauch

Erste Hilfe

HITZSCHLAG Niemals den Mops in kaltes Wasser tauchen oder gar werfen. Ab in den Schatten! Umwickeln Sie seine Gliedmaßen mit kühlen Kompressen, träufeln Sie ihm kaltes Wasser in die Schnauze. Nachdem er sich etwas gefangen hat, suchen Sie einen Tierarzt auf, der seinen Kreislauf stabilisiert. Bitte beachten: So abwechslungsreich Ferien mit dem Mops im sonnigen Süden sein können, vergessen Sie nicht – Ihr kleiner Begleiter ist sehr hitzeempfindlich. Lassen Sie ihn ab 21 Grad nicht im Auto warten und ihn nicht in der Mittagshitze draußen spielen. Sorgen Sie dafür, dass er am Strand einen Schattenplatz hat.

FREMDKÖRPER ODER KNOCHEN IM HALS Fassen Sie dem Hund lieber nicht selbst in den Hals. Aus Angst kann er panisch reagieren und zubeißen. Besser schnell zum Tierarzt.

BISSWUNDEN sind immer infiziert – auch wenn sie nicht bluten. Deshalb den Bereich steril abdecken und dann einen Arzt konsultieren.

SCHÜRFWUNDEN Säubern Sie die Verletzung mit Wasser und tragen Sie ein Antiseptikum auf.

INSEKTENSTICHE Mit Eiswürfeln verringern Sie die Schwellung. Allergische Möpse müssen sofort zum Arzt.

UNTERKÜHLUNG Erst ein warmes Bad, dann den Hund in eine kuschelige Decke einpacken. Heizkissen oder Wärmflasche können ihm zusätzlich gut tun.

SCHOCK Den Hund beruhigen, warm halten und schnell zum Tierarzt.

REISEKRANKHEITEN Wenn Sie mit Ihrem Mops unterwegs sind, sollten Sie Mittel gegen Erbrechen und Durchfall dabeihaben.

Mein Tipp: Legen Sie sich einen Maulkorb zu. Ein verletzter Mops kann aus Angst oder Panik beißen. Legen Sie ihm den Korb um, bevor Sie ihm Erste Hilfe leisten.

guter Grundimmunisierung halten einige Impfungen neuerdings bis zu drei Jahren. Aber nicht alle! Zum Impfen muss der Hund trotzdem jährlich!

Zähne

Sie sind das vierte gesundheitliche Hauptproblem der Möpse. Zum Vorbeugen vor Zahnstein und den immer häufigeren Entzündungen kontrolliere ich regelmäßig Zähne und Zahnfleisch meiner vierpfotigen Patienten. Gerade während und nach dem Umzahnen – vom vierten bis zum zwölften Lebensmonat – ist diese Kontrolle besonders wichtig. Da können Störungen der bleibenden Zähne noch behoben werden.
Und fast noch wichtiger: Der Welpe gewöhnt sich an die, zugegeben etwas unangenehme, Prozedur.

Mein Tipp: Beginnen Sie deshalb schon früh mit der Zahnpflege. Bürsten Sie regelmäßig sein Gebiss, belohnen Sie ihn hinterher mit Gassigehen und geben Sie ihm Kauspielsachen.

Kastration

Und noch ein Thema, auf das ich immer wieder angesprochen werde – die Kastration. Wenn Sie nicht unbedingt Nachwuchs von Ihrem Mops oder gar eine eigene Zucht haben möchten – beides sollten Sie gründlich überlegen und sich bei Experten informieren – rate ich zur Kastration – bei ihm wie ihr. Lassen Sie sich kein schlechtes Gewissen einreden, von wegen, Sie würden Ihrem Mops oder Ihrer Möpsin Liebesfreuden vorenthalten. Auch ohne Sex sind Henry und Co. kein Fall für den Psychiater, sind glücklich und gesellig. Vor allem aber ist der Eingriff eine gesundheitliche Vorsorge. Studien haben

MUSS EIN MOPS DIÄT MACHEN?

Was, 10 Kilo! Frauchen schaut entgeistert auf die Waage, dann auf mich. „Henry, du bist zu dick."

Seit wann sind Möpse schlank? Ich ziehe die Stirn noch faltiger. Lieber Mopsel-Ich als Chihuahua, die Nicole Richie unter den Vierbeinern. Frauchen übersieht meine Kummer-Stirn. „Fit statt fett", sagt sie nur und setzt mich auf Diät.

Mein „Cäsar"-Hirschgulasch wird gestrichen, ebenso die Hühnerbrust mit Sauce und auch mein geliebtes Wiener Würstl, für das ich Handstand und sonst was machen würde.

Stattdessen gibt's seit ein paar Tagen „Hundediät in der Dose" vom Tierarzt. Schon der Geruch treibt mich aus der Küche. Frauchen versucht mich auszutricksen, rührt etwas „Cäsar" in die Diät-Pampe. Ich verziehe mich.

Mitfühlend lässt Frauchen jetzt morgens die Marmelade weg und nachmittags den Latte Macchiato. Fidel macht sie das nicht. „Weisst du, Henry", sagt sie vorm Schlafengehen, „wir beenden die Diät." Ein Wiener baumelt plötzlich vor meiner Nase. „Heute lassen wir's uns gut gehen." Ich schnappe zu. „Ab morgen wird gesportelt." Schluck.

erwiesen, dass rund 70 Prozent der nicht kastrierten Hündinnen an Gesäuge-Tumoren oder Gebärmutter-Erkrankungen leiden. Und bei den Rüden schützt die Kastration vor Prostata-Krebs. Hinzu kommt, die Kastration verändert positiv das Verhalten des Tieres, stoppt seine sexualgesteuerten Aggressionen. Und Ihr Hund rennt nicht mehr blind und taub bei Rot über die viel befahrene Straße, weil er den verführerischen Duft einer läufigen Hündin in der Nase hat …

Der richtige Tierarzt

Bleibt die Frage, die mir kürzlich nach einem Vortrag gestellt wurde: „Wie finde ich den richtigen Tierarzt für meinen Hund?" Die Antwort ist leicht: So, wie Sie Ihren Hausarzt gefunden haben! Am besten in der Nachbarschaft. Hören Sie sich im Viertel um, beim Gassigehen oder in der Welpen-Schule – und dann testen Sie Ihren „Dr. Hund". Auch wenn Sie seine fachliche Qualifikation vielleicht nicht so beurteilen können, Sie merken sofort, ob er sich Zeit für Ihren Mops und Sie nimmt. Ob er ein Herz für Hunde hat und vor allem, ob Ihr Vierbeiner ihn „mopsig" findet. Wenn das alles nicht zutrifft, suchen Sie weiter. Schon der nächste Tierarzt kann der Richtige sein.

Der Speiseplan

50 – das ist die magische Zahl. Genau so viele Nährstoffe braucht Ihr Mops, braucht jeder Hund täglich – und das sein Leben lang. Die wichtigsten sind: Eiweiß, die beste Energiequelle, Mineralstoffe – bauen das Skelett auf und regulieren den Stoffwechsel, Vitamine – stärken das Immunsystem. Aber wie herausfinden, was, wo drin steckt und wie viel? Das kann kompliziert werden. Aber nur für die Hunde-Halter, die ihren Hund selbst bekochen, ihm die Mahlzeiten täglich frisch zubereiten.

Einfacher ist es, Sie lassen sich von Ihrem Züchter oder Tierarzt hochwertige Fertignahrung empfehlen. Die ist ausgewogen, enthält alle 50 Nährstoffe im richtigen Verhältnis.

Worauf Sie achten sollten: Ein Welpe braucht mehr Nährstoffe und Energie als ein ausgewachsener Hund. Geben Sie ihm also bitte ein spezielles Welpen-Futter. Vorsicht aber vor einem „Viel-hilft-viel"! Zu viel Energie, Vitamine oder Mineralstoffe schaden eher dem Skelett. Ein fürsorglicher Züchter gibt Ihnen einen detaillierten „Speiseplan" mit.

Zugegeben, wir Möpse sind ziemlich verfressen. Aber auch gesundheitsbewusst. Drum geb ich gern den Kau-Boy. Die Knochen sind gut für die Zähne.

Futter-Umstellungen nicht von einem Tag zum anderen durchziehen, sondern über drei bis fünf Tage, sodass Ihr Mops und seine Verdauung sich an das neue Menü gewöhnen können.

So ein Picknick im Grünen – mhmm! Da schmeckt mir alles gleich doppelt so gut. Schade nur, dass nicht auch die Portion doppelt so groß ist wie daheim.

Auch wenn Sie selbst nicht zu festen Uhrzeiten essen, Ihr Mops braucht seine Abläufe. Füttern Sie ihn täglich zur gleichen Zeit und möglichst auch an einem festen Platz.

Welpen brauchen drei bis vier Mahlzeiten täglich, für ausgewachsene Tiere genügt eine Mahlzeit täglich. Da Henry und Co. kleine Schleckermäuler sind, manche nennen sie auch „verfressen", empfehle ich, die Mahlzeit aufzuteilen und mor-

*Sie fütterte ihn so viel er mag
Mit Zuckerbrot den ganzen Tag.
Und nachts liegt er sogar im Bett,
Da wird er freilich dick und fett.*

WILHELM BUSCH

gens und abends zu servieren. So hat Ihr Mops zwei Genuss-Rituale, auf die er sich täglich aufs Neue freut – und zwar auf die Minute genau. Seine innere Uhr tickt perfekt.

Mein Tipp: Halten Sie sich an die vorgegebenen Mengen. Also nicht die Ration erhöhen. Ihr Mops frisst weiter, auch wenn er längst satt ist – und wird dann schnell zum Rollmops! Und – egal, wie flehend er Sie anschaut oder wie oft er Sie immer wieder mit seinem Pfötchen anstupst: Widerstehen Sie, geben Sie ihm nichts vom Tisch. Betteln muss unter seiner (und Ihrer) Würde sein.

Außerdem, ich kann nicht oft genug darauf hinweisen: Menschen-Essen ist zu gewürzt. Gegen etwas Reis, Kartoffeln, geraspelte Möhren, ein Stück Apfel oder Banane im Futter ist nichts einzuwenden – aber nicht überfüttern!

Was seine Geschmacksnerven betrifft – die sind bei ihm ausgeprägt wie bei allen Hunden: Er kann zwischen süß, sauer und salzig unterscheiden.

Zum Trinken braucht Ihr Mops nur Wasser. Bitte den Napf mehrmals täglich frisch auffüllen. Achtung: Auch, wenn mancher Mops wie eine Katze schnurren kann – ein Stubentiger ist er dennoch nicht. Also geben Sie ihm keine Milch, da rebelliert sein Magen. Auch bei Käse oder Joghurt reagiert er oft mit Durchfall.

HIER GEHT'S UM DIE WURST

Es hat sich herumgesprochen: Wir Möpse naschen gern – und ich bin da nicht wirklich eine Ausnahme. Aber ich glaube, ich hab's besser als die meisten Schlecker-Möpse. Mein Herrchen Gerd Käfer ist bei uns in der Küche der König und beruflich ein Gourmet-Guru. Ständig denkt er sich neue Rezepte aus und probiert sie aus – für Zweibeiner, aber auch für mich und uns Vierpföter. Mhmm! Hier sind ein paar Rezepte zum Nachmachen.

Mops-Burger

Rohes Rindfleisch finde ich sehr lecker. Und mit den wertvollen Proteinen und Eiweißen ist es auch noch gesund!

Zutaten: 200 Gramm fein gehacktes
rohes Rindfleisch
ein Eigelb
frische Petersilie
fein gehacktes Eiweiß

Das Rindfleisch und das Eigelb werden miteinander vermengt. Zum Schluss noch die kleingehackte Petersilie unterheben. Aus der entstandenen Masse kleine Burger formen, und diese auf dem Hunde-Teller anrichten. Mit fein gehacktem Eiweiß garnieren.

Henry´s Hühnertopf

Für mich ist es immer wieder ein Festtagsessen, wenn mein Herrchen meinen berühmten Hühnertopf zaubert.

Zutaten: 250 Gramm Hühnerkeulchen
zwei Karotten
eine große Knolle Sellerie
drei Kartoffeln
frische Petersilie
ein Liter Gemüsebrühe
ein Eigelb

Den Sellerie, die Karotten und die Kartoffeln schälen und klein schneiden. Gemeinsam mit der Gemüsebrühe weich- und einkochen lassen. Nach ca. einer Stunde das von den Knochen gelöste Hühnerfleisch dazugeben und noch einmal, bei schwacher

Hitze, ca. eine halbe Stunde köcheln lassen. Zum Schluss in die heiße Masse ein Eigelb einrühren und mit frisch gehackter Petersilie garnieren.

Henry´s Hühnertopf ist ein Gourmet-Tipp für jede Jahreszeit. Schauen Sie sich einfach beim Gemüsehändler um, auf dem Markt, oder in Ihrem Garten – Zutaten finden Sie überall.

Lamm à la Henry

Lamm ist schon etwas ganz Besonderes. Und, weil die Liebe auch bei uns Vierbeinern durch den Magen geht, hat Herrchen es aufgetischt, als meine Mops-Freundin Polly zu Besuch war. Ich glaube, es hat gewirkt. Seitdem schaut sie mich im Park immer ganz anders an.

Zutaten: 250 Gramm Eck- und Reststücke vom Lamm
200 Gramm Langkornreis
2 Esslöffel Sonnenblumenöl
ein Eigelb
eine Karotte

Die Karotte in feine Streifen reiben und in kochendem Wasser blanchieren. 250 g Langkornreis in einer Rinderbrühe kochen. Wenn der Reis gar ist, das klein gehackte Lammfleisch, die blanchierten Karottenstreifen sowie ein Eigelb unterheben. Zum Schluss zwei Esslöffel Sonnenblumenöl hinzugeben.

Henry´s Brotzeit

Für den kleinen Hunger zwischendurch. Ideal, wenn es einmal schnell gehen soll.

Zutaten: 100 Gramm kleine Makkaroni (bei Bedarf bitte in kleine Stücke zerteilen)
150 Gramm Gelbwurst
frische Petersilie

Nudeln in einer Rindfleischbrühe kochen. Gelbwurst in kleine Würfel schneiden und unter die Makkaroni heben. Abschließend mit frisch gehackter Petersilie garnieren.

GUTEN APPETIT!

Welches Fertigfutter? Die Frage höre ich häufig in meiner Praxis. Es wird in drei Grundformen angeboten: trocken (das Preiswerteste), halbtrocken (enthält meist viel Zucker) und feucht. Was für Ihren Mops das Beste ist, ob Sie variieren sollen? Das besprechen Sie am besten mit dem Züchter oder Tierarzt.

Mein Tipp: Sie können auch selbst aus frischen Zutaten für ihn kochen. Dann sollte die Ration aber genau berechnet werden, damit sie ausgewogen ist.

Übergewicht

Und noch eine Frage wird mir in meiner Sprechstunde oft gestellt: „Finden Sie, dass mein Mops zu dick ist?" Wer das fragt, weiß die Antwort meist selbst: Ja. Damit wir uns nicht missverstehen: Niemand sucht Germanys Next Top-Dog. Es geht hier nicht um Schlankheitswahn auf vier Pfoten. Sondern um die Gesundheit der Vierpföter. Prima, wenn Ihr Mops ein Pfundskerl ist. Aber bitte nur charakterlich, nicht auf der Waage.

Möpse wiegen zwischen neun und maximal zwölf Kilo, je nach Größe. Um herauszufinden, ob Ihr Hund zugenommen hat, können Sie (aber müssen Sie nicht) ihn einmal in der Woche wiegen. Aber Sie können das auch anders

Ein Mops kam in die Küche,
Und stahl dem Koch ein Ei,
Da nahm der Koch den Löffel
Und schlug den Mops entzwei.

Da kamen viele Möpse
Und gruben ihm ein Grab.
Und setzten ihm ein Grabstein,
worauf geschrieben stand:

Ein Mops kam in die Küche...

(ANONYM)

checken: Wird sein Halsband zu eng? Spüren Sie beim Streicheln vor lauter Fettpolstern seine Rippen nicht mehr? Hat er keine Taille mehr? Dann braucht Ihr Mops dringend mehr Bewegung und eine Diät, die Sie mit Ihrem Tierarzt absprechen.

„Meinem Mops geht's wie mir", sagte kürzlich eine ältere Dame in meiner Praxis. „Er braucht einen Hundekuchen nur anzusehen, schon wird er dick." Dass Möpse schneller zunehmen als andere Hunde – wird immer wieder gern behauptet, ist aber tiermedizinisch nicht belegbar. Zwar hat der Mops einen gedrungenen Körperbau und wirkt nicht so asketisch wie andere Rassen – aber an den „Polstern" sind Frauchen oder Herrchen schuld.

Dahinter steckt oft das sogenannte „Kindchen-Schema": Der Mops wird zum Kind-Ersatz und aus lauter Liebe mit Leckerlis überfüttert. Das ist falsch verstandene Tier-Liebe.

Herrchen verwöhnt mich manchmal zu sehr, findet Frauchen. Ich halte mich raus, genieße.

Mein Tipp: Verwöhnen Sie Ihren Mops mit Streicheleinheiten, Spaziergängen, Spielen, Spaß – aber nicht mit Kalorienbomben. Und Finger weg von Schokolade. Die ist giftig für Ihren Mops. Und kann in Mengen tödlich sein.

MEINE MISSION
FÜR
Möpse

PFOTE IN HAND

Zugegeben, kein ganz stubenreiner Reim, den Heinz Rühmann 1955 in dem Film „Wenn der Vater mit dem Sohne" geträllert hat, und auch ein bisschen weit hergeholt. Im Paletot sitzen wir ja schon lange nicht mehr. Dennoch ist's ein mopsiger Evergreen: Wir sind fröhlich – unseren Sorgenfalten zum Trotz. Wirklich sorgen müssen wir uns ja nicht. Abgesehen davon, dass die meisten von uns sich als Chef im Haus fühlen und damit verantwortlich für ihr Zweibeiner-Rudel.

Aber das ist eine unbeschwerte Last, keine bleischwere, wie andere Vierpföter sie tragen müssen. Wir sind keine Hunde, die Blinde sicher durch ihren Alltag geleiten oder auf eine Herde Schafe aufpassen müssen. Wir buddeln keine Verschütteten aus Lawinen, stellen keine Verbrecher, ziehen keine Schlitten übers ewige Eis.

Wir müssen keine Erwartungen erfüllen, nix vorspielen oder vormachen. Wir müssen – dürfen – nur eines: Sein, wie wir sind. Das

Bitte nicht aufhören! Wäre ich
eine Katze, würde ich schnurren.

SIR HENRYS KOLUMNE

WAS ICH NICHT VERSTEHE

Frauchen hat Konferenz, muss „ein paar offene Fragen klären". Ich rolle mich im Vorzimmer zusammen, kräusel die Stirn. Offene Fragen habe ich auch: Warum sind Dackel plötzlich peinlich und Pudel wieder hip? Wieso wird der beste Freund des Menschen wie ein modisches Accessoire mal ausgeführt und mal verbannt? Wo bleibt der Respekt?

Viele Männer finden's toll, wenn ihre Riesen-Schnauzer über kleine Hunde herfallen. Warum müssen sie ihre Macho-Probleme auf unserem Rücken austoben? Überhaupt – die Rasse Zweibeiner. Da gibt's nicht nur skrupellose Züchter, sondern auch verantwortungslose Halter. Zum Beispiel die von meinem Park-Kumpel Blacky. Drei Jahre war er ihr Kind-Ersatz. Jetzt haben sie sich getrennt. Und weil keiner dem anderen Blacky gönnt, soll er ins Tierheim ... Aber das lässt mein Frauchen nicht zu. Sie sucht ein neues Zuhause für ihn.

Die Tür geht auf. Ich rieche Frauchens Parfüm. Ihre Fragen sind geklärt. Meine noch nicht. Vielleicht sollte ich auch eine Konferenz abhalten – mit Balu, Mr. Joe, Toni, Raffi, Cesar und all meinen Spezln. Mopsige Idee, denke ich, und laufe Frauchen entgegen.

gibt uns Power und macht unsere Halter mopsfidel. Wie sehr – das geht auch aus den Mops-Seiten im Internet hervor. Da stehen Sätze wie: „Der Mops ist die cleverste Charme-Offensive, die auf vier Pfoten herumläuft." – „Der Mops ist ein idealer Hausgenosse. Am Tag unterhaltsam, in der Nacht tröstend. Bei seinem Geschnarche fühlt sich kein Single einsam." – „Er ist Clown und Philosoph in einem – und der beste Zuhörer der Welt." Oder: „Der Mops ist lebenslustig, humorvoll, aber nie oberflächlich. Phasen der meditativen Nachdenklichkeit wechseln mit ungestümem Übermut bis ins reife Alter."

Was für Elegien. Nur einer kann sie noch toppen – der Philosoph Odo Marquard. Er konstatierte einmal, dass der Mops deswegen Mops heißt, „weil die Menschen sich ihre Menschlichkeit von ihm mopsen könnten".

Das hört sich nicht nur super an, das tut mir und meinen Artgenossen auch supergut. Gerade jetzt, wo einige Züchter um unsere Zukunft bangen. Sie fürchten, wir kommen zu sehr in Mode und das bringe die schwarzen Schafe in ihrer Branche auf finstere Gedanken.

Zugegeben, die Mops-Community wächst und wächst, das beweist auch die Welpenstatistik vom Verband für das Deutsche Hundewesen (VHD). 1997 wurden nur 160 Welpen gemeldet, 2006 waren es bereits 637. 2007 waren es noch mehr (die Zahlen lagen bei Redaktionsschluss noch nicht vor), hinzu kommen viele nicht beim VDH oder sonstwo gemeldeten Möpse.

Die Zeiten, als der Mops hops ging, sind vorbei. Selbst in Amerika haben wir Tinkerbelle und Bit-Bit, den Chihuahuas von Paris Hilton und Britney Spears, längst den Rang abgelaufen. Bei uns sind Designerinnen wie Jette Joop vermopst oder Moderatoren à la Kaffeeklatsch-Onkel Ralph Morgenstern. Er präsentierte kürzlich mit seinem Mops-Mädel Twiggy eine von ihm entworfene Hunde-Kollektion in einem Tele-Shopping-Sender.

Ciao, Servus, Tschüss – vielleicht besuchen Sie mich ja mal auf meiner Homepage. Ich würde mich sehr freuen.

Heute in – morgen mal wieder out? Wir Möpse haben in den vergangenen Jahrhunderten ja einiges durchgemacht, wie Sie bei mir nachlesen konnten. Noch mal solche Horror-Szenarien? Nein, daran glaube ich nicht. Sicher, es gibt Menschen, die uns total ablehnen, keinen Blick für uns haben. Aber Hass-Tiraden, wie sie Alfred Brehm auf uns abgefeuert hat (siehe Seite 27), sind Vergangenheit. Wir Möpse sind wieder wer, sind zeitlos oder wie mein Frauchen sagt: „moderne Klassiker".

Mit Uschi und Gerd an der Seite mache ich mir keine Sorgen um meine Zukunft. Dass wir Hundekinder unsere Zweibeiner-Eltern selten überleben – anders als die Menschenkinder – das ist halt der Gang der Dinge. Ganz und gar nicht der Gang der Dinge ist aber, dass dubiose Hunde-Händler seriösen Züchtern ins Handwerk pfuschen und damit unsere Gesundheit, ja unsere gesamte Rasse gefährden. Deshalb meine Bitte an Sie, liebe Mopsianer:
Kaufen Sie von diesen Hunde-Mafiosi keine Möpse, überhaupt keinen Vierbeiner. Unterstützen Sie meine Mission Mops: Lieben und geliebt werden – Pfote in Hand.

Lieber Henry,

kürzlich nachts hatte ich einen Traum, besser gesagt, einen Alp-
traum. Es ging um Botox für Möpse. Ich bin im Bett hoch-
gefahren: du ohne Falten? Ein Unding. Dein Knautschgesicht finde
ich zum Knuddeln. In jungen Jahren hatte ich mal Boxer, die haben
ja auch das gewisse Runzel-Ich, also die drei Cs: Charakter,
Charisma und Charme.
Der Mops an sich ist für mich ein Mordskerl und du ganz besonders. Schon möglich, dass es leichter ist, einen Affen zum Abitur
zu bringen, als dich zu erziehen. Aber sei's drum. Du hältst dich für
einen Menschen, und immer öfter kommst du mir auf
deinen vier Pfoten auch wie ein Zweibeiner vor. Deine Intuition
verblüfft mich immer wieder. Lange, bevor ich den Koffer packe,
weißt du schon, dass ich verreise.
Kein Wunder, dass die Mops-Mädel im Park noch größere Kulleraugen machen, wenn du
auftauchst. Deine Stupsnasen-Schmatzer schmecken sicher nach mehr. Nur wenn's ums
Fressen geht, da kennst du gar nichts. Da verteidigst du wie ein Löwe dein Futter.
Tja, ähnlich ist das, wenn es um mich geht. Deine Eifersucht ist natürlich grundlos, aber dir
nicht abzugewöhnen. Der arme Kellner, der mir einen Latte Macchiato serviert, du knurrst
ihn an, als wollte er mich entführen. Und neulich, bei einem Arbeitsgespräch, hast du einem
jungen Mann kräftig „Fersengeld" gegeben. Zum Glück hat er selbst einen Mops und deshalb
Verständnis gezeigt.
Ich wollte dir hinterher ein bisschen ins Mops-Gewissen reden. Aber da bist du mir auf den
Schoß gesprungen, hast mit deiner Pfote sanft mein Gesicht berührt. Wer denkt da noch an
Vorhaltungen? Wäre ich eine Katze, hätte ich geschnurrt.

Deine Uschi

SERVICE

Quellen

Barfuss, Suzanne: Alles Mops. Edition Elfenrosa, Norderstedt 2006.

Brehm, Alfred Edmund: Brehms Tierleben. Leipzig 1893.

Eckhardt, Emmanuel: Der Mops von Bornholm. Subito Verlag, Frankfurt/Main 2006.

Haucke, Gert: Mops und Moritz. Rororo, Reinbek 2000.

Heine, Heinrich: Dass ich dich liebe, o Möpschen. Aus: Sämtliche Gedichte in zeitlicher Folge, herausgegeben von Klaus Briegleb, Insel Verlag, Frankfurt/Main 1993.

Krüss, James: Der Mops von Fräulein Lunden. Aus: Der wohltemperierte Leierkasten, Bertelsmann Jugendbuch Verlag, München 1961.

Leyen, Katharina von der und Enver Hirsch: Der Mops. Knesebeck Verlag, München 2005.

Loriot: Buntbuch - Auf den Hund gekommen. Badische Landesbühne Bruchsaal, Spielzeit 1989/1990.

Loriot: Möpse und Menschen. Diogenes Verlag, Zürich 1983.

Maggitti, Phil: Pugs. Educational Series Baron's, New York 1994.

Morgenstern, Christian: Mopsenleben. Aus: Gesammelte Werke in einem Band, Piper, München 1965.

Noeske, Felicitas: Das Mopsbuch. Insel Verlag, Frankfurt/Main 2001.

Thümmel, Moritz August von: Elegie auf einem Mops. Aus: Ihr Saiten, tönet fort. Lyrik des 18. Jahrhunderts, ausgewählt von Ernst Ginsberg, Artemis, Zürich 1946.

Veldhuis, Christine A.: Der Mops. Parey Verlag, Stuttgart 1999.

Winckelmann, Evelyn: Mops. bede-Verlag, Ruhmannsfelden 2003.

Weßling, Wolfgang und Bärbel und Dieter Wenzel: 15 Jahre Deutscher Mopsclub e.V. 1981 – 1996. Vereinsschrift 1996. Hrsg: Deutscher Mopsclub e.V., Kürten/Köln 1996/2001.

Zum Weiterlesen ...

... finden Sie hier eine Auswahl an Büchern aus dem Kosmos-Verlag.

Haltung & Erziehung

Blenski, Christiane: Hunde erziehen, ganz entspannt.

Führmann, Petra, Nicole Hoefs und Iris Franzke: Die Kosmos Welpenschule.

Führmann, Petra, Nicole Hoefs und Iris Franzke: Kleine Hunde, große Freunde.

Hoefs, Nicole und Petra Führmann: Das Kosmos-Erziehungsprogramm für Hunde.

Krauß, Katja: Hunde erziehen mit dem Clicker.

Lübbe-Scheuermann, Perdita und Frauke Loup: Unser Welpe.

Rütter, Martin und Jeanette Przygoda: Angst bei Hunden.

Rütter, Martin: Hundetraining mit Martin Rütter. Buch und DVD.

Theby, Viviane: Das Kosmos-Welpenbuch. Mit Geräusch-CD.

Winkler, Sabine: Welpenkindergarten. Prägung, Spiel und Erziehung.

Gesundheit & Ernährung

Biber, Dr. Vera: Allergien beim Hund.

Bucksch, Martin: Ernährungsratgeber für Hunde.

Bucksch, Dr. med. vet. Martin: Notfallapotheke für Hunde – für unterwegs.

Eichelberg, Dr. Helga (Hrsg.): Hundezucht. Erfolgreich züchten auf Gesundheit, Leistung und Aussehen.

Hans, Sabine: Iss was, Dog! Kochen für mich und meinen Hund.

Narath, Elke: Massage für Hunde.

Niepel, Gabriele: Kastration beim Hund. Chancen und Risiken.

Rakow, Dr. Barbara: Homöopathie für Hunde.

Rustige, Dr. Barbara: Hundekrankheiten.

Spangenberg, Dr. Rolf: Der ältere Hund. Ernährung und Pflege, Gesundheit und Fitness.

Stein, Petra: Bach-Blüten für Hunde.

Spiel & Spaß

Blenski, Christiane: Hundespiele.

Büttner-Vogt, Inge: Spiel & Spaß mit Hund.

Durst-Benning, Petra und Carola Kusch: Spiele-Spaß für Hunde.

Adressen im Internet

www.mopsclub.de
Website des Deutschen Mopsclubs e.V. mit Welpen-Vermittlung.

www.mops-sir-henry.de
Meine Website mit aktuellen Informationen.

www.notmops.de
Website für verlassene Möpse, die ein neues Zuhause suchen.

www.vdh.de
Website des Verbands für das Deutsche Hundewesen e.V. in Dortmund mit Hinweisen und Kontakten für Mops-Interessierte.

www.tierhautallergie.de
Website von Tierarzt Dr. Wendlberger

Register

Einmal kochen – gemeinsam genießen

Sabine Hans
Iss was, Dog!
96 Seiten, 165 Abbildungen
€/D 12,95; €/A 13,40; sFr 24,90
Preisänderung vorbehalten
ISBN 978-3-440-10812-3

■ Gesund und lecker kochen
für Hund und Mensch – aus
denselbem Grundzutaten
entsteht ein feines Gericht
und ohne großen Extra-
Aufwand eine Mahlzeit für
Ihren Vierbeiner

■ Nicht nur Knusperkekse, Fisch,
Fleisch, Gemüse, Suppen –
auch Selbstgetrocknetes
zum Knabbern begeistert
Zwei- und Vierbeiner

Impressum

Farbfotos von Frauchen Uschi Ackermann außer Melanie Grande/Supreme/Kosmos (Seite 42), People Picture (Seite 92), Verena Scholze/Kosmos (Seite 4, 10, 22, 28, 30, 34, 39, 41, 45, 47, 51, 64 beide, 66, 67, 71, 82, 89, 96), VOX, Paul Schmitz (Seite 24).

Umschlag von Andrea Burk unter Verwendung von Farbfotos von Art & Photo Urbschat (vorn) und People Picture.

Mit 51 Farbfotos.

Unser gesamtes lieferbares Programm und viele weitere Informationen zu unseren Büchern, Spielen, Experimentierkästen, DVDs, Autoren und Aktivitäten finden Sie unter **www.kosmos.de**

Gedruckt auf chlorfrei gebleichtem Papier

© 2008, Franckh-Kosmos Verlags-GmbH & Co. KG, Stuttgart
Alle Rechte vorbehalten
ISBN 978-3-440-11616-6
Redaktion: Angela Beck
Gestaltung: Andrea Burk
Produktion: Eva Schmidt
Printed in The Czech Republic / Imprimé en République Tchèque